Ideaman

哈佛・慶應
最受歡迎的
實用談判學

暢銷全新版

慶應義塾大學法學院教授・哈佛大學
國際談判學課程國際學術顧問
田村次朗
東京富士大學管理學院院長、教授
隅田浩司
著

陳美瑛——譯

[專文推薦]

言簡意賅的哈佛談判學教程

游梓翔 世新大學口語傳播系教授

自《哈佛這樣教你談判力》（*Getting to Yes*）在一九八一年首度問世以來，這套「哈佛談判學」帶動了談判學研究教學的風潮。三十多年來開枝散葉，已成為一門顯學。

要在如此豐碩的研究著述中抓住重點不是件容易的事，但各位手上的這本《哈佛・慶應最受歡迎的實用談判學》，由精通「哈佛談判學」的兩位日本教授撰寫，頗能發揮日本人「言簡意賅」的文字特色，統整了「哈佛談判學」的精髓。

其中任教於慶應義塾大學法學部的田村次朗教授，在一九八〇年代到哈佛留學，將哈佛的談判學觀念帶回日本。後來他和現任教東京富士大學的隅田浩司教授合作，共同在日本推廣談判學的研究與教學。在慶應，田村教授的這門「談判學」從以企業人士為對象的推廣課程，發展為正式課程的一部分，受到學生的廣大歡迎。

田村與隅田教授合著的這本《哈佛．慶應最受歡迎的實用談判學》就是他們兩人推廣的談判學精華。除了介紹「哈佛談判學」，本書還談到談判學在日本面對的文化差異問題。例如他們強調，日本人常在缺乏明確理由的情況下，要求把協議事項帶回公司請示，這讓歐美談判對象無法理解。對此他們建議至少要「說出明確的理由，再提出帶回公司請示的主張」。

兩位作者指出，談判的目的不是比輸贏，用簡單的「雙贏」來解釋也不夠，談判要追求的是「明智的共識」。他們引用日本「近江商人」著名的「三方好」理念，認為談判要做到「賣方好、買方好、世間好」。只有對雙方好，對整體好，談判的結果才能達成「哈佛談判學」所強調的可持續或是可長可久。因此不要只想用「高壓攻勢」來解決問題，實力強就「戰鬥」，實力弱就「逃跑」。

另外，談判也不是一種「會話」，只想著「儘量不要造成雙方對立」；談判應該被視為是一場「對話」，「以彼此的不同意見為前提進行溝通」，因為真正面對差異才能真正讓問題獲得解決。

為了「三方好」，利益要放在前面，讓大家都有好處。別讓人的問題干擾了共同利益。兩位教授提醒：不應對對手過度臆測，「談判對象不是怪物」，也應「降低對談判對象的期待」，另外不應抱著「我就是不想讓那傢伙撈到好處」的對抗心理。

為了「爭取自己最大的利益」，也要懂得幫對方創造利益，包括替對方爭取其「利害關係人」的支持在內。在爭取利益時，要想好「使命」——企業的核心目標為何，作為「貫穿整場談判的基本方針」。

這本書花了不少篇幅介紹如何透過講理來明確利益，「重要的部分講求邏輯」。例如透過提問請對方說明要求的理由，以及各種專有名詞、形容詞的定義。兩位教授也提醒在談判中要小心直覺思考的錯誤，誤判了因果關係和事物價值，更不可為了有共識而達成共識。

講求邏輯並非要你不斷與對方辯論，只是多問多了解，基於理性判斷，不是為辯贏對方。本書告誡讀者，在談判中，「正確言論」未必能解決問題。而如果為了辯贏而

「詆毀中傷對方」，不但無助理性討論，更將刺激對方與你對抗。

書中也討論了如何處理談判中的議題。雖然價格是許多談判的關鍵，但田村與隅田教授認為最好能帶入「選項與價格的組合」，不要只在價格上打轉。他們也建議，談判應該「從容易達成共識的部分開始討論」，穩紮穩打、找尋共識。至於我方的「強項」或是「王牌」可以在談判最後階段善加利用。此外，掌握議題「主導權」也很重要，例如要小心別被「定錨」，當話題或價格被對方牽著走時，可以適時岔開話題，引入其他選項。

這本《哈佛．慶應最受歡迎的實用談判學》也統整了常見的談判戰術，例如談判者各扮好人壞人的「白臉黑臉戰術」、以退讓形象爭取利益的「以退為進戰術」、步步為營的「得寸進尺戰術」、強加最後期限的「最後通牒」、成交前後多要一點的「強求戰術」等。兩位作者提醒：戰術對一次性談判或許有用，但可能不利於長期關係的談判，不過認識戰術對提高談判者「自我防衛」的能力還是很有幫助。

貫穿全書，讀者不難發現，田村與隅田教授的理念是將談判學視為人人都該學習的一種素質教育或博雅教育。的確，西方自古希臘以來就有學習「修辭學」，培養「論說素養」的傳統，在各級教育中對如何演說、辯論、說服相當重視，提升談判力對整體「論說素養」的提升幫助甚大。

兩位教授在書中提到，許多日本人抱著「話不多說，默默實行應該做的事」的態度，不利於跨國交往與談判，更是讓我心有戚戚焉。

在全球溝通緊密的時代中，用語言說出想法、談論理由、建立關係、爭取利益的能力只會越來越重要，那麼，從「哈佛談判學」入手是個非常好的開始。

［前言］

學會重要的對話技巧，才是提高談判能力的祕訣

最近，許多人對於談判與溝通的話題非常感興趣。在談判學上將談判視為「對話」。所謂對話，就是雙方在不同的立場、不同的文化或價值觀，以及不同的利害關係之前提下，討論出某種解決對策的手法。如果一開始就迎合對方的意見，這並不是對話；說服對方照自己的意思做，或是自己一味地發言而不給對方發表意見的機會，這種所謂「高壓攻勢」（Power Play）的談判戰術，也不是以對話為目的的談判。

談判並非為了讓彼此變得親近，而不去碰觸敏感話題，以維持和樂氣氛的溝通手段。談判必須超越雙方的歧見、利害關係及立場的差異，以達到某種共識，而光靠會話是無法達成共識的。

在談判中，從一開始的打招呼、進入主題之前的閒聊等會話要素都非常重要。如果與談判對象一起用餐，促進雙方會話活絡的話，就能夠有效緩和談判時的對立氣氛。在日本，這個「招待效果」是廣被運用的手段。國際談判的場合也是一樣，由於與談判對象一起用餐，能夠緩和雙方緊張對立的氣氛，所以經常被積極使用。

不過，光是會話是無法進行所謂的談判，再怎麼持續會話，也得要交換彼此的主張或要求才行。但一般人很容易誤解，以為只要在這個階段避開雙方意見的對立，就能夠跳脫問題而先得到結論。

而正因為談判時一定會在某個階段面對雙方立場或利害關係的對立，所以重要的是，學會在雙方意見或立場不同的前提下進行對話的技巧。如果不學會這個對話技巧，就可能會發生「因為不想破壞談判現場的氣氛」而輕易讓步的風險。

還有，如果不習慣對話，就容易對意見的對立產生過度反應，逐漸變得情緒化，並且以喜歡、討厭的感覺來評斷談判對象。這樣不僅會使得談判觸礁，甚至還會破壞雙方的人際關係。學會談判時重要的對話技巧，才是提高談判能力的祕訣。

談判學誕生於美國哈佛法學院（Harvard Law School），本來是哈佛法學院為了培育法律人才所研發出來的一門學問。美國律師競爭激烈的情況是日本人所無法想像，也是全世界有名的。

由於美國的司法考試沒有限制合格人數，所以每年會產生許多律師。而這些律師便會在市場上展開激烈的競爭。也正因為如此，光是擁有豐富的法律知識，是無法產生差異，也無法獲得成功的。

若想要在如此激烈的競爭中獲勝，就只能提升自己解決問題的能力了。因此他們必須具備的就是透過談判解決問題的能力。哈佛法學院的Program On Negotiation（在日本也稱為「談判研究中心」），從律師們面對困難的問題時，如何透過談判解決的方法論開始探討，目前已經針對各種不同領域的談判進行更廣泛的研究。

我們針對這個談判學的方法論持續地深入研究。特別是我們製造機會，盡量接觸研究與實務，實際聽證談判的實踐案例，也持續地以邏輯分析案例，得出真正有用的經驗或方法論。在這過程當中，透過各種不同的談判場合，我們發現了許多能夠應用於談判的技巧。

這項作業現在仍舊持續進行。像這樣製造機會接觸理論與實務，就是研究談判學的有趣之處。

本書介紹的內容除了有談判學的一般方法論之外，還有社會心理學以及其他各種相關領域的研究成果。另外本書也收錄了我們透過現場聽證與調查所分析的實際談判案例。如果能夠透過本書提高讀者對於利用談判解決問題的興趣，同時讓談判學廣為普及，並因此對於解決紛爭有所貢獻的話，當深感榮幸。

田村次朗
隅田浩司

第3章 如何破解高壓攻勢的策略

第6章 達到最高共識的談判進展方法

第7章 超越對立──衝突・管理

第1章

導致談判失敗的三個誤解・達成談判成功的三項原則

1 談判本身就是一種壓力

生在人世間，若無談判就無法生存下去。甚至也有人說，人類的煩惱或壓力起因於人際關係。

對多數人而言，談判這件事既麻煩也很難處理，如果可以的話，最好是不用談判就能夠解決問題。更不用說在商場上，談判的負擔更大。

此話怎講呢？

因為商場上的談判不是單純達到共識就夠了。

商場上的談判要求的是這個共識是否反映了我方的最大利益。如果只要讓步就好，任何人都能上談判桌談判。但若是要求透過談判確實獲得實際利益的話，就必須具備相當優秀的戰略能力，並且下足功夫才行。

任何人在談判前都會感到不安

舉例來說，談判前，一般人腦中都會浮現一些想法。例如，「對方除了跟我們談判之外，不知道還有沒有其他候補的客戶名單？」、「萬一對方要求我們大幅降價，該怎麼辦呢？」、「如果對方說要取消長久以來的合作關係，要如何挽留對方？」等等。

還有，談判前內心可能會感到不安。例如，「如果對方在談判中突然大發雷霆，我該怎麼辦？」，或是「如果談判破裂，公司的人會怎麼說我呢？」。據說其實談判前的不安，更甚於談判當下所感到的緊張。

這也難怪有人在談判前不太願意思考談判的事情。

談判會消耗注意力

最近的研究發現，像談判這類的溝通所帶來的壓力，並不是單純透過精神論的理論就能夠消除。

特別是處於壓力的狀態下，人類會在短時間之內消耗大量的注意力、耐力，結果導致決策的品質低落。因此，最近的談判學研究皆是把焦點放在如何將注意力集中在重要的部分，而非如何持續繃緊神經集中注意力。

現在大家對於人類注意力的掌控非常感興趣（參考Roy Baumeister《增強你的意志力》〔*Willpower*〕一書）。特別是談判時面臨重大的壓力，所以會消耗注意力。這不是精神論的理論或觀念就可以處理的部分。因此，談判時必須設法保留人類有限的注意力。但要如何不消耗注意力，同時又能將注意力集中在重要的事情上呢？對此，談判學研發出有用的方法。

以下就讓我簡單介紹其基本概念。

無須思考的是哪個部分？

第一，減少現場思考的負擔非常重要。也就是說，談判前先整理好最低限度、必要的相關事實非常重要。

針對事前掌握狀況的做法，將在第四章的事前準備方法中詳細說明。在這裡最重要的就是，一定要避免只要事先調查就能明白的事情卻沒有調查清楚，造成談判時才接觸到新資訊的窘境。

這話怎麼說呢?因為我們在接觸新資訊時,很容易會被新資訊蒙蔽,以至於無法仔細研究其他資訊。如果談判前就已經取得應該知道的資訊,那麼當對方提出資訊時,就容易判斷這項資訊是不是真的應該注意。

談判中一邊整理相關事實,一邊思考共識的內容,這可是負荷相當龐大的作業。一般人進行複雜的多工作業時,是很容易犯錯的。明明做好事前準備就能夠減少負擔,但是卻沒做好事前準備,這樣談判時就會陷入過度的多工作業,決策品質自然低落。

因此,在談判現場減少思考的負荷,盡量減少多工作業是非常重要的。

猶豫時該如何決定?

第二,談判當下感到猶豫時,重要的是自問該以什麼為依據做出判斷?或是支持該判斷的標準為何?我們稱之為使命(Mission)。

舉凡零件的採購談判、進軍海外事業的合作談判、專利授權談判等等,談判類型各有不同。

不過，每個談判應該都有一項使命，也就是透過這項談判必須達到的目標。「為了什麼目的要進行這項談判？」、「達到共識之後，我方能夠得到什麼？」，面對談判時，請針對這些問題找出自己想要的答案。

不過，令人意外的是，許多人都沒有仔細思考談判的使命，只是簡單地認為「這是例行性的工作，所以過去談談而已」、「總之只要賣得出去就ＯＫ啦」。如果無法認真思考談判的使命，談判的主導權就會落入對方手上。

談判時會被對方提出的條件搞得昏頭轉向，導致沒有得到重要的利益，自己也不覺得特別滿意。最後只得到一個「反正有達到共識，這樣就夠了吧」，像這樣只要滿足自己就好的悲慘結果。

若想避開這樣的情況，最重要的就是以使命為中心，掌控談判的進行。

不要因談判對象的「搖擺不定」而慌張

第三，談判對象不會依照你的期待行動，請認清這個事實。

在談判學中會學習如何反擊談判對象不合理的要求、如何應付對方令人不悅的態度，甚至也要學習談判戰術或威脅技巧的運用等等。像這類的談判戰術或心理上的搖擺不定，都有其固定的模式。

如果事前就瞭解這些模式，談判時就能夠冷靜應對。

但是如果沒有這樣的背景知識，就會被對方的態度或言詞所左右，屆時自己就會變得情緒化，或是生氣而試圖反駁對方，這麼一來就消耗了自己的注意力，最後可能因為太疲累隨便怎樣都好，而輕易地讓步，或是情緒上無法原諒對方而導致談判破裂。

2 思想轉換——對於談判的三個誤解

誤解之一——以為談判就是分出勝負

當談判結束後，你是否認為「今天的談判我應該占上風吧」，或是「今天被對方擺了一道（輸了）」。如果你有這種想法，那是因為你認定談判就是一種零和賽局（Zero-sum Game：所有參與者的獲利加總起來等於零，也就是若有人獲利，其獲利的部分就是別人損失的部分之遊戲）。談判確實是一種知識的遊戲，不過並不是所有的談判都是零和遊戲。

談判不是非黑即白那麼簡單。若是足球或棒球等運動，就能夠簡單地決定勝負，因為遊戲規則很清楚，分數多的隊伍獲勝。不過商場上的談判沒有那麼明確的勝負標準。嚴格來說，若是想要評斷談判的勝負，換個說法不過就是「想要贏」，或者因為對結果沒有信心，所以內心產生「可能會輸」的不安而已。

1

談判中有「勝利」存在嗎？

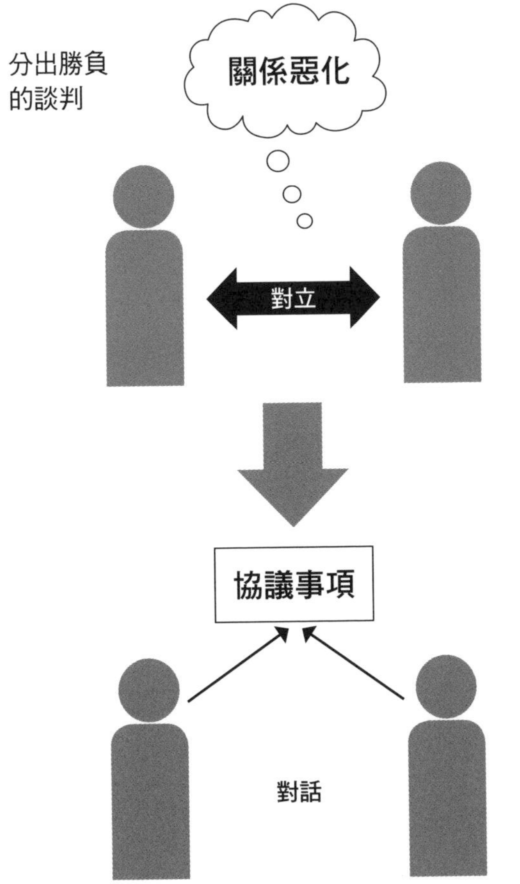

何謂明智的共識

在談判學中，談判結果的評斷標準是最終能否達到「明智的共識」。所謂明智的共識是「盡可能滿足當事人雙方的正當期望，公平調整對立的利害關係，就算經過一段時間，此結果仍不失其效力，同時解決方式也考慮到整體社會的利益」（參考羅傑・費雪〔Roger Fisher〕等著，《哈佛這樣教談判力》〔*Getting to Yes*〕）。

反映自己的最大利益，這是明智共識之首要條件。認定談判是零和遊戲的人，會認為「自己利益的最大化」等於「剝奪對方的利益」。

在談判中，雖然首先要主張自己的利益，但同時也要能夠提出對對方有利的建議。談判的基本原則是捨與得（Give & Take），亦即互惠原則（Reciprocity）主導一切。收受禮物就要回贈禮物，這也是人類文化的本質。

因此，若想在談判中以明智的共識為目標，就應該思考只要我方不提出對對方利益有貢獻的提案（Give），就無法從對方手中得到我方想要獲得的利益（Take）。想在談判中獲得最大的利益，對方也是同樣的想法。因此，若想要讓雙方都點頭同意，就必須清楚瞭解，對方若沒有得到好處，就無法達成共識。

2

明智的共識

充分的正當期待	公平調整雙方的利益得失
共識的持續性	整體社會的利益

摘自：羅傑．費雪等著《哈佛這樣教談判力》。

評論談判的勝負幾乎是無意義的舉動。比起談論勝負，把焦點放在自己是否得到最大的利益？透過這場談判，對方獲得多少利益？還有，透過這項談判，共識是否有持續的可能性？如此才會提高談判的成功率。

找尋「妥協點」的風險

「妥協點」這個詞彙在談判時經常會出現，也有人會建議談判時要思考「今天談判的妥協點是什麼」。不過，「妥協點」這個平常習慣使用的詞彙也有必須注意的地方。當你漫不經心地說出這個詞彙時，如果試著分析一下自己真正的想法，就會發現意外的陷阱。

舉例來說，當我們聽到「妥協點」這個詞彙時，腦中很容易想到的就是降低自己的目標，也就是讓步。這樣的危險在於，很可能在一開始可以找尋妥協點的階段，自己就已打定主意「今天就算讓步也無所謂」，或是「談判除了讓步以外沒有其他選項」。

使用「妥協點」這個詞彙的人有時會有這樣的傾向，例如，「這家公司的部長只要給點折扣就會很高興，所以除了降價別無他法。」然而，談判的過程或共識並沒有唯一

3

妥協點的風險

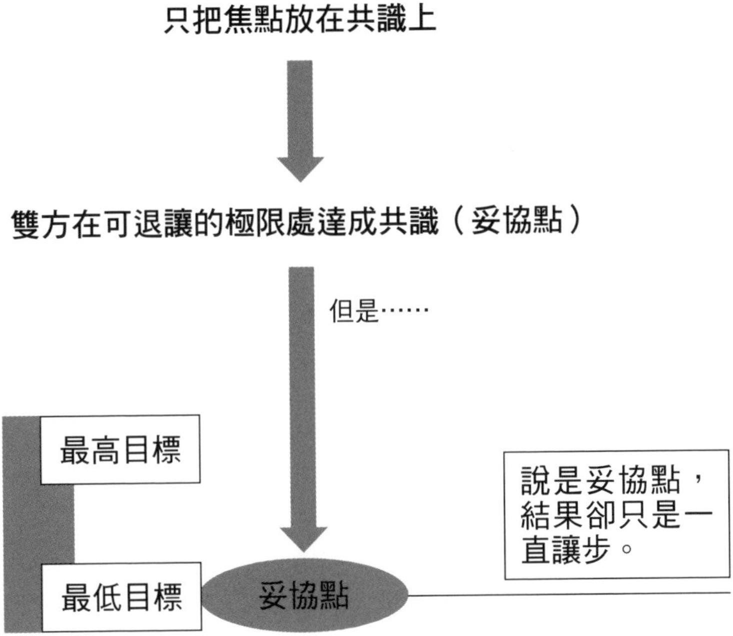
只把焦點放在共識上
雙方在可退讓的極限處達成共識（妥協點）
但是……
最高目標
最低目標
妥協點
說是妥協點，結果卻只是一直讓步。

的正確解答。如果認為「妥協點」只有降價讓步，別無他法，那就是自己把共識範圍做小了。

「妥協點」這個詞彙本身所意涵的妥協，也就是讓步的想像，我們稱之為「隱喻」（Metaphor）。在談判中，如果被本來不能列入考慮的隱喻影響而做出決定的話，就會做出對自己不利的判斷。

一旦習慣使用「妥協點」這個詞彙，雖然能夠馬上達到共識，但是卻會陷入一個不滿意的結果。就算自己覺得已經順利達成共識了，日後也會落入「完全得不到利益的情況」，也就是雖然有業績，但是卻賺不到利潤的狀況。

若想要避免這種情況發生，談判學建議不僅要進行重視使命的談判，也要擺脫最優先考慮共識，就算我方讓步也要達成一致結論的「共識偏誤」（Consensus Bias）。特別是注意後敘（參見第二章）的二分法陷阱非常重要。

誤解之二——認為事前準備毫無作用

以下將說明為什麼談判學認為事前的準備就是通往成功的捷徑。有人說成功來自於八十%的事前準備，幾乎可以說準備工作是談判學唯一的準則。

不過，日本的多數談判專家都有不做準備就上場談判的傾向。還有，經常發現委託人委託談判案件時，其委託內容也顯得非常模糊或問題百出。如果主管下的指令過於詳細，確實也會讓談判者在過程中無法隨機應變，所以每件事情都詳細吩咐也不是好方法。

不過，委託部下進行談判時，必須給予適當的指示，因此委託者自己就必須做好正確的事前準備。如果不瞭解準備的方法論，做出的指示就會模糊不清。這種時候，若是說出「暫時先……」的話，那就要小心了。請把「暫時先……」視為參考即可。

舉例來說，主管可能會說，「關於價格的問題，暫時先聽聽對方的想法再來判斷」，或是「希望你暫時先試探對方的口風」，像這類含糊不清的指示，乍聽像是總結了談判的指示，其實當中問題很大。

委託部下進行談判時，在第四章的事前準備的方法論中提出了五項要素，依序是①掌握狀況、②共享使命、③找出自己的強項、④設定目標，以及⑤共享ＢＡＴＮＡ（容後詳述，指未達共識時的替代方案）。為了提高談判現場的彈性，事前準備更是不可或缺。

誤解之三——以為談判學就是把Win-Win當成目標

談判學的研究學者中，無人不知羅傑．費雪（Roger Fisher）的名號。他是哈佛法學院的教授，也是開拓談判學領域，努力普及談判學的創始者。羅傑．費雪的知名作品《哈佛這樣教談判力》（*Getting to Yes*）至今仍是市場上的暢銷作品。

◎是紙上談兵嗎？

然而，羅傑．費雪教授的談判學風格也受到其他學者的批評。其中最受批判的就是「談判學根本就是紙上談兵」、「根本不可能有Win-Win，也就是對對方而言，對自己而言都有利的共識」。這些批判不盡然公正，那是因為大家對於Win-Win（雙贏）這個詞彙的認知有問題之故。

確實，如果分析各種實際的談判案例，幾乎找不到雙方都能夠百分之百滿意的談判結果。可以說大部分的共識都是妥協或讓步的產物，也不可能完全消除彼此的不滿。不過，努力達到羅傑．費雪主張的「明智的共識」（Wise Agreement），也就是盡可能努力反映彼此正當的期望，而非追求各自百分之百滿足的Win-Win共識，這樣的談判與單純討

4

不要沉醉在 Win-Win 的想像中

談判中容易失敗的類型

比起Win-Win的內容，更沉醉於該詞彙的類型。

失敗的模式

①被稱為Win-Win的提案所蒙騙
②認定Win-Win的解決對策就是正確解答

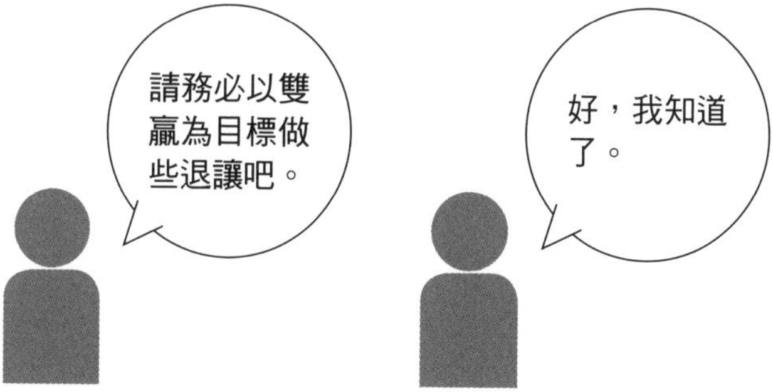

價還價的談判有著很明顯的差別。

談判學主張的並非陷入急就章的討價還價或讓步，而是試著找尋雙方能夠更滿意的共識，由此衍生出必要的手法。談判學也不是幻想著雙方臉上總是充滿著笑容，同時尊重彼此，然後為了完美的共識不斷提出建設性的方案，最後達到一個理想的共識。

「不可能有雙贏談判」，這種批判本身也可以說陷入某種謬誤。意圖擴大解釋對方的說法，或是只擷取某部分的說法，並且將此部分說法視為全部而進行批判，這樣的爭論方式稱之為「稻草人謬誤」（Straw Man Fallacy）。陷入這樣的謬誤而不使用談判學的方法論，我認為這是非常可惜的。

談判學所提倡的方法論就是盡量提高共識品質的思考方式。應該具體評估自己的利益被反映出來的程度，而不是在雙方是否雙贏的模糊詞彙中打轉。

還有，現在的談判學也相當強調「談判中未能達成共識」，也是屬於聰明的選項之一。另外，由於雙贏的共識這種說法會招致誤解，所以已經不太使用了。

◎追求自己的最大利益

還有一個要注意的重點，那就是再怎麼說，商業談判最重要的任務就是盡量增加自己的利益。只是談判對象也是這麼想，那該怎麼辦呢？

如果雙方只是一味地堅持自己的立場，比賽誰強誰弱的話，想法就會只限於要奮戰到底直到對方放棄？還是我方要做些讓步？這樣談判就會逐漸陷入僵局。假如能夠透過其他方法創造反映雙方利益的共識，不就應該選擇這個共識嗎？而且談判學也建議這樣的做法。

當然，就算是反映了雙方利益的共識，也必須盡量設法提高自己的利益。若想達到這樣的目的，則必須具備某些策略或心理戰術，這就是談判學的基本思考方式。

3 成功達成談判的三項原則

第一項原則——重要的部分要講求邏輯

◎追根究柢，提案其實可分為兩種類型

不只是商業談判，各種談判的提案或條件，都可以分為兩大類，分別是要求對方做什麼事（要求行動型），以及要求對方停止正在進行的事（要求中止型）。

若以這樣的框架來思考，坐上談判桌時，就會習慣同時思考對方行動的好處是什麼？為什麼對方非得停止那個行為不可？

這時，談判者需要具備的是能夠分辨那個理由是否合理的思考能力，也就是必須擁有邏輯性的思考力，或是以批判的態度看出對方提案優、缺點的能力。

◎該共識是否有利？

特別是在商場上的談判，該共識會產生什麼利益？一定得建立明確的商業模式才行。在某種條件下會有什麼樣的好處？會遭受什麼樣的損失？會面臨何種風險等等，這些評估都必須確定清楚，不可馬虎。

當然，談判結果的成敗是未來的事情，所以目前無法得知、也無法清楚預知實際會發生什麼事。最重要的是，在現階段得先清楚確定提出該項條件的理由。如果理由夠明確，對於談判時狀況的變化就能夠有彈性地應對。

◎不要被現場的氣氛影響

在談判中，一般人很容易被現場的氣氛所影響，而不是被邏輯，我們稱這種情況為「脫離合理性」。例如以下的場合就容易產生脫離合理性的狀況。

第一，因「慣用語」而陷入自動思考的危險。例如「吃虧就是占便宜」、「為了日後雙方良好的合作」，還有前面提到的「妥協點」等慣用說法。如果談判對象在提案中不斷插入這類用語，最後你就會被對方影響。

這類談判慣用語會令人感到困擾的部分是，你不可能反問對方：「所謂『為了日後雙方良好的合作』指的是什麼事？」所以你就會被對方所說的話洗腦。人類的溝通大部分都是被社會常識或慣用語所控制。因此，一旦談判中出現這類的慣用語，很可能發生不深究其意，而以該內容為前提繼續模糊對話的危險。

除此之外，後面將介紹的直覺式的人類心理偏見、選擇抄捷徑，避開深入思考的思考方式，還有由於停止思考而容易產生反射性的反應等，這些都要特別注意。

◎要注意詭辯

第二，偏離目標的離題發言。例如在關於智慧財產權問題的談判中，當事人針對詳細的技術問題說出各自的主張時，不清楚詳細技術的人，就會認為雙方的爭論是個問題，於是制止雙方「停止無聊的爭辯吧」。

像這種情況要如何判斷呢？針對這種細節的討論，就算雙方的立場對立，也難以判斷是否為「爭辯」。不過，如果只用一句話就把你們的發言貼上「只不過是爭辯」的標籤，阻止了後續的討論，接下來就無法再繼續談判了。

◎不恰當的貼標籤

上述就是所謂不恰當貼標籤的典型案例。在日本的會議中，不恰當貼標籤的情況非常多，而且輕易地就能阻止具有建設性討論的對立狀況。

這種不恰當貼標籤的例子還有以下的狀況。

在討論詳細的服務條件時，可能有人會突然說「與其討論那麼瑣碎的小事，更應該重視客戶的意見吧」，或是討論公司的經營方針時，有人會說「有空討論那麼高深的議題，還不如把時間放在研究如何提高業績」等等，這些都是無視現場討論的內容所提出來的意見。

若想對這種人進行邏輯上的說明，對方可能會說「反正，你說的只不過是藉口」，或是「您的邏輯可真強呢！」，像這樣淨是說些與討論內容毫無關係的評論。這種只因「我駁倒談判對象囉！」，就覺得滿足的談判對象還真常見。

還有，聽到這類的發言時，我們可能會不自覺地退縮了。特別是談判新手，就是無法對抗這種不恰當貼標籤的手法。

不聽對方詳細的討論，就算我方詳細說明，也只是使用詭辯的方式，以「好了好了，不用那麼興奮」、「那麼艱深的內容我聽不太懂呢」等說法打斷我方的說明，或是說「講那麼多藉口，你這樣還算專家嗎？」」、「感覺口若懸河，說明真是精采。您一定經常被稱讚很優秀吧」等等，試圖用這些修辭學上的技法打斷我方說話、阻擋我方的氣勢。面對這樣的情況，要如何打開局面呢？

簡單來說，對於不恰當的貼標籤可以直接忽視不管。不可以一一反駁對方所貼的標籤，而使那些標籤本身成為話題。盡量忽略對方所說的話，直接延續自己的談話內容。對於這種修辭或詭辯的適當處理方式，就是不要認真回應。

◎「想達到共識」的想法遭到濫用

第三就是一廂情願。對於對方的提案雖然感到些微的不安，但是由於無法克制想達成共識的念頭，這時便會傾向依賴對方的說法。例如，「對方說沒問題」，或是「對方說這部分不重要」等，逃避自己判斷的責任。

一般人做決定時，無法把所有的選項數值化再選出最好的選項。許多人做決定時，都希望有人可以從頭到尾支持到底。但至少我們不能憑藉對方含糊的一句話就做出決定，自始至終都要堅持理性的判斷，這點非常重要。

◎任何狀況都接受的危險性

第四，「暫時先達成共識，關於條件的改變，我在公司內部處理即可」，特別是優秀的人經常會有這樣的傾向。對於自己的優秀能力過度自信，同時也希望對方看到自己優秀一面的自我表現欲，導致自家公司事後得進行內部調整才行。

當事者通常不會發現這點。在談判現場中，雙方的意圖、爭取談判主導權的手腕，以及想證明自己有多優秀的欲望，再加上想獲得對方認同的欲望等等，最後便會做出一個外人看起來都會感覺不可思議的承諾。

如果瞭解自己在談判中可能會失去冷靜，也接受這樣的事實的話，就要確實增強自己的談判能力才行。

第二項原則——談判前的預先安排（事前準備的方法論）

◎知己知彼

對談判有自信的人重視談判現場的應對。他們認為做事前準備反而會「產生先入為主的觀念」，如果有偏見的話，還不如以一個全新的狀態進行談判。因此，雖然會做最基本的報價等準備，但是對於談判的具體策略或目標設定等就會應付了事。

◎被對方掌控的危險性

不過，如果輕忽談判前的準備，就會犯下以下的致命錯誤。

第一個錯誤就是，以談判對象與自己何者為強、何者為弱的「高壓攻勢」模式面對談判，錯失難得出現的共識機會。如果事前的談判戰術準備不充足，談判前的不安感就會升高。為了消除內心不安，所以只重視對自己有利的材料，然後會以強、弱的關係看待對方與自己的關係。

或許是認定自己屬於強者，也可能是想讓對方看到自己強大的一面，於是會仰賴「高壓攻勢」戰術。一旦這種強、弱的二分法控制了思緒，就會誤解談判對象的發言，或者只會不斷重複自己的主張，最後就錯失與談判對象達成共識的機會。

◎嚴禁不懂裝懂

第二，當談判中的談話內容變複雜時，準備不足的人就越來越無法掌握談判的重點，於是對於任何情況都想單純化。一旦不必要的「總之」開始增加，自己就要心生警

5 自己不要承攬過多承諾

失敗的模式

①做出無謂的承諾導致自己日後受苦
②容易立即答應對方的要求

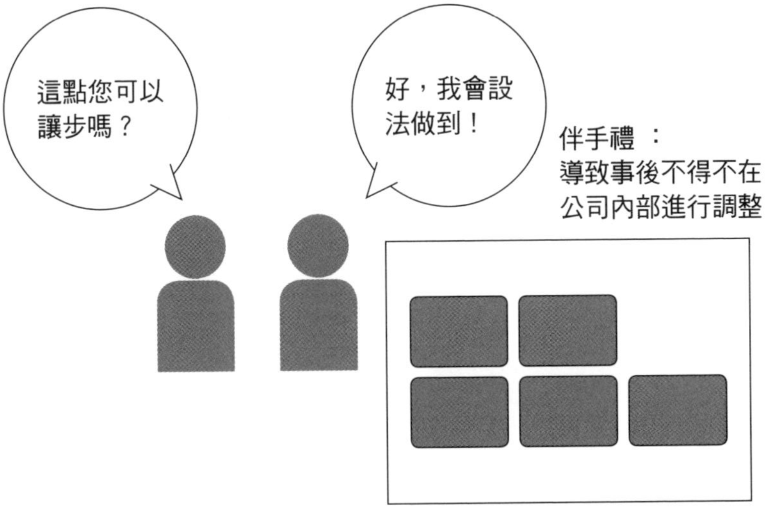
這點您可以讓步嗎？
好，我會設法做到！
伴手禮 ：導致事後不得不在公司內部進行調整

惕。雖然簡單扼要地掌握事物非常重要，但是也不應該隨意單純化。

還有，如果準備不足，對於談判對象的提案也會理解得不夠透徹，這樣就不知道應該如何提問。準備不足時，也會產生不讓對方看穿而「不懂裝懂」的風險。就像這樣，準備不足會導致自己對談判內容瞭解不夠，而做出不必要的讓步或是功虧一簣的共識。

◎成為不安的釣餌

另外，如果沒做好談判的事前準備，就算擁有再多的談判經驗，內心也會感到不安。一定要重視這種不安所帶來的負面影響。一旦感到不安，就會對談判對象心生警戒，陷入非常在意對方的行為或態度等所有反應。由於準備不足，除了無法正確判斷對方在現場的應對之外，也變得無法判斷自己的談判是否順利，對談判對象的微妙應對產生過度反應。

如果以這樣的狀態進行談判，就會被現場的氣氛或對方的提案搞得昏頭轉向，最後落入對方的圈套。當看到對方一個小小的動作，就會急切地想找出對方的意圖，或者對方變得情緒化時，自己就會感到驚慌。

當然也有可能是相反的情況。一旦情緒性地批判對方，就會一一回應對方的反應，落入事事被動的狀態。陷入這樣的狀態就無法冷靜分析談判對象，以至於高估或低估談判對象的提案。

◎別被日本人的美德利用

特別是日本人不擅長面對談判對象在談判中偶爾表現出來的態度，尤其是憤怒或不滿，甚至對於我方提案明顯表現出來的不同意或不愉快等情緒。像這種時候，大部分的人都希望盡快脫離這種尷尬的氣氛，而容易犯下為了討好對方而讓步的致命錯誤。

◎以「談判＝遊戲」的心態面對

實際吸收商界人士的經驗就會知道，日本企業的負責人在國外進行合作時，無論與對方的合作關係有多久遠，偶爾也會遇到對方以發怒、顯現不悅的態度迫使另一方讓步的心理戰術。

在國外，就算雙方有持續的合作關係，有時也會以遊戲的感覺刺激一下談判對象。其實這是在試探對方是否會驚慌地趕緊讓步。雖說這種做法不是很令人贊同，不過我們自己也不能中計。

◎把注意力放在談判內容上吧！

面對這種談判對象時，應對的方法就是對於自己充分準備的結果，以及提出的條件等都要有自信，然後提案，並且把注意力放在對方的發言，而非其表面上的態度。在談判中，對方言語之外的訊息當然很重要，不過除了非言語的訊息之外，把重點放在對方的說話內容效果會更好。

順帶一提，有學者研究如何從談判對象的表情判斷對方的意圖，特別是看穿對方的謊言、目前的感覺等（參考Paul Ekman《心理學家的面相術》〔*Understanding Faces and Feelings*〕）。這個方法在調查犯罪時廣為運用，確實也有效果。不過，若想要讀取對方的表情需要相當程度的訓練，稍微練習一下的程度是無法精準運用的。

如果把焦點鎖定在談判中想要得到的結果，就要傾全力集中自己的注意力，聽出談判對象在說些什麼，而非注意對方的表面態度。針對情緒性刺激的處理方式，事先就要在內心做好決定，告訴自己就算對方突然發怒，也不要試圖安撫對方，甚至不能為了安撫對方而讓步。

從目前的研究結果來看，這種做法可以說是最簡單，也是最有效的解決方法。

◎別因為「已經達成共識，所以什麼都好」，就鬆懈了

最後，如果事前準備做得不夠，會發生對於共識的事後評量較為寬鬆的問題。

如果沒有做好事前準備就上場談判，就會產生只要達成共識就算成功的心態。由於一開始沒有預設目標，所以「只要有達成共識就好」；也由於是否達成共識是評斷談判成敗的標準，就不會反省「有沒有其他更好的共識結果」，或是「以這個條件達成的共識真的好嗎？」，最後就簡單一句，「因為已經達成共識，可以了啦」，而草草把事情帶過。

沒有事前準備的談判結束後，就算回顧共識內容，也幾乎找不到己方勝算的部分。假如做好準備再前去談判，共識內容就會與準備時設定的目標產生差距，這時我們就會在意這樣的差距吧。於是就會自問：「為什麼會產生這樣的差距？」如此就能夠回顧談判的結果，反省「下回的談判應該如何運用策略才對？」、「若想提高日後的談判技巧，該如何準備？」

其實，進行談判學的研習或授課時，最重視的就是讓學生透過模擬談判（Role Simulation）學習，也就是密集進行事前準備、談判以及結果的回饋。在研習過程中，為了在短時間之內創造出教學成果，便會透過密集的模擬談判與回饋，讓學生學會談判技

巧。就算是平常的談判也一樣，不斷重複準備、談判以及事後評量（回饋），就能夠獲得相當大的學習成效。

第三項原則——把焦點放在利益上

◎持續掌控談判

談判時，多數人會忽略兩個重點。第一、比起自己來解決問題，委託仲裁的第三者來解決問題風險更高；第二、在談判過程中，就算舉出正義的旗幟，對方也不會因此而投降。

如果調查談判案例，研究智慧財產權，特別是有關專利紛爭的談判，就會瞭解實際上大多數的糾紛案件，都會透過談判的和解獲得解決。

一開始進行調查時，我們對於這個發現感到既新鮮又驚訝。這話怎麼說呢？因為就算是現在，全球的企業無論是在美國、歐洲或是日本的法院中，專利糾紛都正展開激烈的戰鬥，律師們在裁判中正進行著你死我活的殊死戰。

◎交給他人解決的風險

不過，就算實際進入法院裁判的程序，大部分的案件也都會以和解收場。主要原因有幾個，其中最重要的事實就是，如果交由法院裁判，最後是由法官（美國還有陪審團參與，所以又更複雜）進行裁決。

或許法官既公正而且中立，但是法官有多認同我們自己的主張？這只能交由法官自己決定。雖然某種程度可以預測裁判的結果，然而也有不少審判結果是完全翻轉或是不符合自己的期待。

例如，以為「應該可以勝訴」卻敗訴，或是雖然勝訴了，獲得賠償的金額卻大幅縮減等等，類似案例不勝枚舉。這就是委託第三者解決紛爭時必須承擔的風險。

相對於這樣的情況，如果談判當事者可以決定一切，則能夠更有彈性地掌控共識內容。若想要掌控自己的命運，從頭到尾掌握共識內容，就應該清楚瞭解第三者的裁判是最後不得已才會採用的手段。

◎談判不是用正義與否來決定

談判中有人會急於證明自己的正確。這類型的人一味地堅持自己的正當性，因此認為對方應該承認自己的錯誤。不過，如果對方也一樣毫不懷疑自己的正當性，那就不可能達成共識。

日本有一齣知名的時代劇《水戶黃門》，故事情節發展到最後，每當主角取出代表身分的印盒時，壞人就會紛紛俯首認罪。不過，正義的夥伴出現，壞人最後也會認錯改過，這種情節只會出現在電視劇的想像世界裡，在現實中不太可能發生。

不只是商場上的談判，一般生活上的談判也是一樣。堅持正確．錯誤等二分法的主張，或是想要證明自己是對的一方等做法，都將導致談判落入最壞的情況。這樣的做法不會產生任何好的結果。

◎把焦點放在利益與損失

談判時，應該不會有人希望透過談判使問題更惡化，損失更重大吧。為了防止損失擴大，透過談判共識使損失降到最低，也就是把焦點放在利益與損失上的做法，更能夠有效達成雙方的共識。

當然，在這過程中，堅持自己的正當性、高聲論述自己的主張或是與對方激烈爭辯等，都是談判時本來就會發生的情況。

◎就算高喊正義，對方也不屈服

不過，「因為我的主張是正確的，所以對方應該接受」，抱持這樣的想法進行談判的話，將不會獲得滿意的結果。專業人士，也就是在特定專業領域中擁有豐富知識而被稱為專家的人，必須特別注意這點。

怎麼說呢？專家多半會認為「關於這個問題，因為我是專家，所以我的主張是正確的，對方是錯誤的」。這種專家的觀點會對談判帶來負面影響。律師如果不仔細傾聽委託人的主張，就無法給予適當的建議。同樣地，如果自己是某領域的專家時，就要特別注意正確．錯誤這種二分法的成見，也要仔細研究對方的說法。還有，在馬上想指責對方之前，應該抱持著透過提問，瞭解對方說法的態度才對。

所謂談判，就是一場以自己利益最大化為目標的遊戲。不過，若因此而不提供對方任何好處的話，就無法達成具有持續性的共識。正因如此，談判時必須準備一些也考慮對方利益的選項。

如果想要達到一個自己獲得最大利益的共識，雖然聽起來有點矛盾，不過很重要的一點，就是確實向對方說明自己的提案會為對方帶來什麼樣的好處。

第 2 章

情緒與心理偏見，以及合理性

1　二分法的陷阱

請看以下的對話。

> A公司的鈴木：「對了，關於價格方面，可以用報價的價格再降十%給我們嗎？」
> B公司的佐藤：「那麼，降五%好嗎？」
> A公司的鈴木：「不不，請再幫一下忙啦。我們這邊也會考慮以後跟貴公司繼續合作，請務必給我們優惠價格。」

以上是商場上經常出現的對話吧。B公司的佐藤這時也已經降價了，他的腦中一定浮現以下的想法。

B公司的佐藤腦中：哇，一下子就要我降十％喔。在不降價的約定之下，這樣已經很讓步了，這個要求真是太過分了。不過，如果現在不跟對方達成共識就麻煩了。算了，看起來對方以後還是會考慮跟我們合作，那就降價吧。不過降十％太多了，那就降個五％談談看吧。

我們一邊看這個對話案例，一邊來看談判中理論與討價還價的關係。對於談判對象一下子提出來的降價要求，B公司的佐藤急忙開始討價還價。佐藤的問題出在哪裡呢？他的這種想法就是落入所謂「二分法的陷阱」，而這正是談判時應該避開的陷阱。

首先，佐藤在聽到對方要求降價十％之前，就已經讓步很多了，如果再輕易同意對方降價，就會不斷失去自己的利益。甚至他還輕易相信談判對象暗示未來的合作，並以這樣的暗示作為退讓的依據。

對方的說法只是為了現在殺價所提出的迷人誘惑，搞不好根本沒有考慮未來的合作也說不定。以這樣的理由要求對方退讓，實在毫無道理可言。

2 受定錨效應影響

還有，B公司的佐藤被談判學中最有名的心理偏見之一——「定錨」（Anchoring）影響了。所謂定錨，指「最開始看到的數值或資訊的印象殘留腦中，於是以此為基準點（Anchor），其後的判斷都受到此基準點影響的心理現象。」（參考Leigh Caldwell《訂價背後的心理學》〔*The Psychology of Price*〕）。

所謂的錨就是使船定住不動的工具。當船下錨，船就不會隨意漂流。定錨效應就是以船下錨的做法來譬喻受到對方提示的數值控制而動彈不得的狀態。一旦被定錨效應影響，談判的主導權就會被對方奪去。在這個案例中，B公司的佐藤就是被A公司的鈴木所提的十％影響，於是以十％為前提，提出降價五％的方案回應，完全陷入A公司鈴木的算計之中。

6

必須注意定錨效應

定義　定錨（Anchoring）

毫無根據就把對方提出的數值或條件視為基準，並以此基準進行判斷的心理傾向。

被定錨效應影響的案例

請降價
一百萬日圓！
一百萬、一百萬、一百萬……
真傷腦筋啊……
那麼，
五十萬如何？

3 舉證責任

要讓對方提出證明

順帶一提，在法律上若想讓法院認同你的要求或主張時，你就有責任證明該主張的立論基礎，若舉證失敗，表示你所提的主張不被認同，這稱為舉證責任。這個舉證責任的概念在訴訟裁判中非常重要。

還有，談判也是一樣，我們大可拒絕毫無根據的說明之要求，也可以無視對方的要求，直到對方提出證據為止。因此，對方提出的主張根據或相關背景等一定要聽清楚，絕對不可輕忽。

不用認真回答也沒關係

7

脫離二分法的陷阱

①說明不足呀！（舉證責任）
②改變話題吧！（轉換話題）
③就算聽了對方的理由也不接受。（理解與讓步的不同）
請降價10%！

根據談判情況的不同，不只談判對象會提出要求，有時候我方也會提問。人一旦被問問題，就有非答不可的傾向。不過，當自己不太清楚該問題的主旨，或是感覺回答該問題似乎會對自己不利時，也可以利用反問的方式反擊。先凍結談判對象模糊的主張或要求，透過這樣的方式，就能夠有利地展開整個談判過程。

這時有一個提醒，那就是當你聽到對方提出主張或要求時，腦中就要自問：「對方是否已經說明理由了？」如果沒有，表示對方舉證不夠充分，也就沒有必要立刻回答。

不要「不知來由地」就同意

人有個特性，那就是如果聽到一個理由就會輕易地同意。

根據艾倫・蘭格的實驗研究（Langer, E., Blank, A., & Chanowitz,B.（1978）The mindlessness of ostensibly thoughtful action: The role of "placebic" information in interpersonal interaction. Jounral of Personality and Social Phychology, 36, 635-642.）發現，光是以一個「因為很緊急，請讓我先影印」的簡單理由，就能夠提高插隊影印的機率。「因為很緊急」只是那人提出的理由，對於允許插隊的人而言，一點好處也沒有。然而只要聽到對方說

出一個理由，一般人就變得很難拒絕。

就像這樣，不只是沒有理由或是沒有根據的要求，只要是「理由或證據不充分」，都必須詢問對方，甚至要求對方詳細說明。

4 因應策略之一——不要立即回應

先試著思考對方的要求「有沒有理由？」，聽到談判對象的主張或要求時，要在腦中確認對方是否已經說明理由。假如對方沒有說明理由，比起詢問其理由或證明，還不如直接問一句話：「能否稍微詳細說明一下呢？」

重要的是，在這過程當中，只要對方不說明理由或解釋相關背景，我方就必須堅持不做出任何讓步或判斷。

不要以為自己瞭解

另外，詢問時，詢問對方使用的詞彙意義，也就是「詢問定義」是有效的方法。

當談判對象提出一個似乎會讓人陷入二分法陷阱的問題或要求時，例如「希望貴公司降價」，或是「希望提前交貨」等，最聰明的應對就是不要馬上回答ＹＥＳ、ＮＯ。

若想做到這點，就必須壓抑不自覺回答ＹＥＳ、ＮＯ的衝動。談判前自己就要先訂好規則，從一開始就不要立即回應對方的提案。

不立即回答的勇氣

當談判對象提出提案或要求的那一瞬間，自己在腦中有意識地提醒自己「不回答ＹＥＳ、ＮＯ」，或是「要小心二分法的回答」，這會是很有效的做法。即便自己如此提醒，一開始也會不知不覺反射性地回答ＹＥＳ或ＮＯ。不過一旦練習久了就會逐漸習慣。

5 因應策略之二——轉移話題

如何擺脫不利的局勢

當對方強硬提出降價或突然的條件變更等要求時，轉移話題也是一個好方法。經常有人問道：「我非常明白不能回答ＹＥＳ、ＮＯ，但如果對方有附加條件的話，就應該跟對方談判不是嗎？」

如同前面所舉的案例，聽到對方要求降十％，自己就回答：「降五％如何？」這不僅不是好方法，也會不斷逼自己陷入不利的局面。

如果回答ＹＥＳ，等於全面性地讓步，這當然對自己很不利；如果回答ＮＯ，對方就會要求你舉出回答ＮＯ的理由。明明對方就沒有充分說明自己主張的理由，還要求我方必須說明回答ＮＯ的理由，當然這時舉證責任的義務就落到我方身上了。

還有，相對於十％，回答五％是否就是附加條件的ＹＥＳ呢？其實，這包含了回答

ＹＥＳ的不利狀況以及回答ＮＯ的不利狀況。首先，因為讓步了一半的五％，所以就算不是全面性的讓步，其實也等同放棄了自己的部分利益。甚至由於拒絕了其餘的五％，一旦對方問「為什麼不能降剩下的五％？」，你還得說明理由。像這種似乎會使你陷入二分法的提問，不用認真回答才是最佳對策。

轉移話題

因此，離開這個話題，也就是「轉移話題」的做法效果最好。

例如，「在談這個之前，針對貴公司所要求的品質，我方已經做了一些調查，在這裡我想先說明一下」，或是「在這之前，我想先說明一些細節」，從會成為二分法的話題移轉到其他話題。

在這樣的情況下，如果若無其事轉移到其他話題，會出乎意料地順利，而且話題的轉換也不會如自己擔心的那樣，帶給對方不舒服的感覺。因為談判就是這麼一回事呀。這才是為了達到明智共識做出來的行為，是聰明的做法。

以邏輯分出勝負

當對方拒絕轉移話題或是一直想要把話題轉回來時，你就要立刻說明：「如果現在就要回答您的提案，我方只能給予最嚴苛的條件。這樣反而對雙方都沒有好處不是嗎？」

這個說法可以讓對方明白，如果一定要馬上得到答案，我方只能答應最低要求，這樣對雙方都不利。

就像這樣，說明轉移話題對對方也有利的做法，效果也很好。

「岔開話題」也是一種戰術

無論如何都要設法脫離二分法的陷阱，光是這個想法就會讓你在談判中減少許多輕易讓步的風險。甚至也可以用更簡單的方式轉移話題，例如「哎呀，您是開玩笑的吧」來岔開話題，這個方法也很有效。

其實，大部分的人都把談判對象視為冷靜而完美的人，或認為對方是不知何時會爆發情緒的危險人物。

無論視對方為何種人物，都是對談判對象過度評量，千萬不要忘記，談判對象其實也是一邊抱持著不安的情緒，一邊進行談判的這個事實。對方在談判中其實也非常擔心我方會如何回應他們提出的要求。對方感到不安，我方也感到不安，所以脫離對自己不利的話題，非常有助於談判結果。

6 如何脫離定錨效應

針對定錨效應，讓我再詳細說明一下吧。為什麼定錨有問題？那是因為定錨會誘導你去配合對方的標準。而麻煩的是，定錨是非常強而有力的工具，脫離定錨是極為困難的事情。

預設值

所謂定錨效應，就是把對方提出的數值視為預設值（Default）。脫離這個陷阱的第一步就是先提出自己的預設值。若想要做到這點，就只能在談判前先決定好自己的價格，以及可能讓步的最大極限（稱之為底價），如此就有可能降低定錨的影響。不過，即便這麼做，談判時多少還是會受到定錨效應的影響。

不準備就形同失敗

況且，如果完全都不準備就遇到定錨的話，肯定會被對方所提出的價格拖著走，把對方的數值視為預設值而接受這個價格。很遺憾的，這樣的談判就「形同失敗」。

在定錨效應中，對對方感到不安的程度越強，越容易受到影響。當我方感到不安，又聽到談判對象提出充滿自信的霸氣價格時，也就容易被該價格影響，腦中就會一直盤算著要如何才能夠接近對方所提出的價格（腦中已存有預設值）。這就是「定錨的陷阱」。

定錨策略在行銷世界非常盛行，標示價格時經常被有效運用。例如，「廠商依定價打幾折」這種標示兩種價格的做法，就是典型的定錨策略。消費者會被廠商定價影響，看到定價的折數後產生購買的欲望。

那麼，對於談判對象的定錨策略，該如何有效應對呢？以下整理了幾項重點。

◎只把爭論重點放在價格上的談判

針對定錨策略，是先提出好還是後提出好呢？至今尚無定論。

依照當時狀況、產品品質或是地域性、文化性等不同，產生的影響也各有差異，無法一概而論。還有，依著交易內容或營業種類的不同，提出價格的方法也各有差別。不過，一般而言，如果除了價格以外沒有其他談判條件的話，那麼先提出價格較容易發揮定錨效應。

也就是說，對方比較容易受到先提出的數字影響。這項研究結果也受到多數學者的認同（參考Daniel Kahneman《快思慢想》〔*Thinking, Fast and Slow*〕）。

◎若是加入價格以外的要素，情況會如何呢？

通常在交易中幾乎不會發生價格以外的其他條件完全沒問題的狀況。例如採購某項零件或原料時，就算數字上看來沒問題，但是整體來說，應該列入談判的協議事項也有好幾項。如果是有多個論點摻雜的談判，無論先提價格或後提價格，定錨效應都會因為不同狀況而發揮不同的影響力。

◎瞭解定錨效應

最重要的重點就是，瞭解定錨效應與否，將會在談判場合中產生極大的差異。如果

8

自己不要被定錨效應影響

受定錨效應影響的狀態

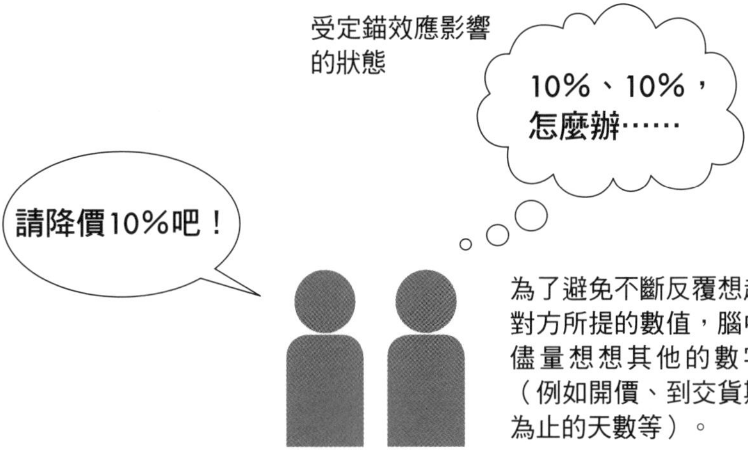

為了避免不斷反覆想起對方所提的數值，腦中儘量想想其他的數字（例如開價、到交貨期為止的天數等）。

知道定錨效應的概念，就會對於談判對象所提的價格心生警戒，並且能夠理解這樣的狀況。

首先，聽到對方提出的數字，如果在心中提醒自己「被這個價格影響就完蛋了」，光是這麼做就會達到某種程度的抗拒效果。

◎離開談判現場

瞭解自己的心理狀態對於脫離定錨效應非常有效。另外，作為談判戰術，當對方提出價格，感覺自己可能會受到定錨效應影響時，若能夠暫時先離開該話題，也能夠有效脫離定錨效應。如果覺得價格提出來的時間點太早，也可以提出其他條件，例如「可以跟我們說明一下貴公司的售後服務嗎？」，藉此轉移話題。

◎寫下自己的目標價格吧

若想要避免定錨效應的影響，最重要的是盡量不要執著對方提出的價格。不過，當你越想「忽略那個數字」，或是越想提醒自己「忘記那個數字」，你就越無法忘記。越提醒自己「不可以在腦中重複」，腦子裡就會一直在意那個價格。

以前就常聽說，當你聽到別人要求「現在開始，不要想壽司！」，你的腦中就會一直浮現壽司的模樣。同樣的道理，當你要求自己不要想某件事，腦中就會一直想起那件事。這是人類心理有趣之處，同時也是麻煩的地方。

在這樣的情況下，最有效的做法就是想想別的數字。最好是再次確認自己的目標數字（不可以想底價，因為這表示你已經開始思考讓步的空間了）。這時，寫下別的數值效果很好，或者也可以轉換別的話題。例如，當對方提出價格，你馬上以別的數值改變話題，例如「對了，那你們會購買多少數量呢？」，這也是非常有效的做法之一。

7 邏輯的有效運用法

邏輯的結構

一談到邏輯，很多人都會覺得「好難啊」。的確，持續以邏輯思考非常困難。若希望能夠以邏輯進行談判的話，請先培養以下列舉的三種習慣吧。如果培養這三種習慣，大概都能夠應對實際的談判場合了。或者可以說，如果沒有這三種習慣，就算讀了再高深的邏輯學教科書，也不會獲得太大的成效。

◎主張、根據、資料三位一體

若想在談判中冷靜地以邏輯思考，理解邏輯的基本架構是非常有幫助的。我先來整理何謂具有邏輯性的主張。有邏輯的主張可分為三個要素。

第一，某項主張或要求；第二，必須具備合理的根據．理由支持此要求；最後就是

9

邏輯的三位一體

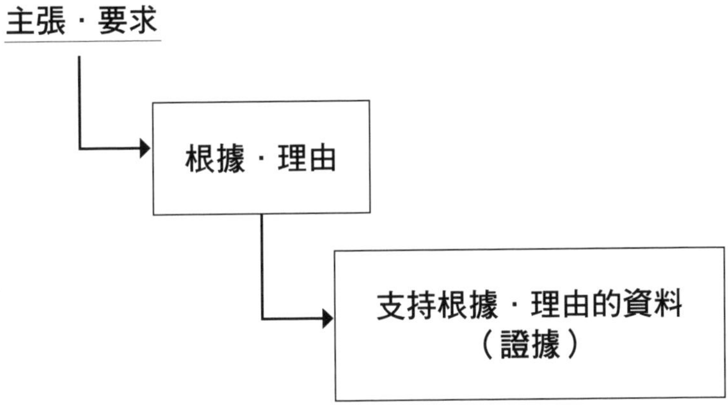

證明此根據・理由的資料或證據。

主張與根據，以及資料

如果對方的主張不具備主張、根據與資料等三項要素，則稱不上是具有邏輯性的主張。舉例來說，假設對方主張「希望能夠降價」。沒說明理由就只希望我方降價，缺乏根據與資料，對方的主張便是不具有邏輯的主張。在這樣的情況下，我認為無須立即回應這個主張。

就算對方提出理由也不怕

其次，聽到對方要求「希望能夠降價」，也補充了理由，例如最近與競爭對手的價格競爭越來越激烈等。通常聽到這類的理由，一般人的想法就會傾向「不得不降價呀」。就算是個不成理由的理由，也很容易被說服。

不過，接下來才是勝負的關鍵。在這個階段，對方並沒有提出支持這個理由的資料或證據。如果就這麼接受對方的主張，稱不上是對具有邏輯性主張的適當應對。在這種狀態下讓步，將無法達到明智的共識。

「請再詳細說明一下」

不過，大部分的人對於談判對象並不會追問更多的資料或證據，認為如果這麼做「不夠圓滑」。確實，如果認真問對方：「你有證據嗎？拿出來看看。」雙方可能會吵起來吧。但是如果手腕高明一點，也可能從對方手上得到資料或證據。

在這個時候，最重要的就是間接讓談判對象瞭解他們的要求沒有具體的證明，同時「那樣的要求難以說服我方」。因此，提問的方式必須下點功夫。關於提問將在後面詳細說明。不過，在此先介紹提問技巧之一：「詢問程度」，使用這個技巧就會有不錯的效果。

「大概是多少呢？」

以前面的例子來說，當對方說「與競爭對手的價格競爭很激烈」，你就要著眼於「激烈」這個形容詞。請對方說明「激烈」的程度有多嚴重。

例如，「關於價格競爭很激烈的問題，能不能請您說明一下目前的狀況如何？」，請對方具體說明形容詞所要表達的內容。

不謙讓的勇氣

這個「詢問程度」的提問方式非常有效。然而，多數談判者都不會問對方程度的嚴重性。在談判中不可以對感覺的表現表示同感。如果只聽對方說出他們的感覺就讓步，對方就沒有必要對你詳細說明。若是持續這樣的談判，逐漸地就會被對方貼上「這個人就算不用詳細說明也會讓步」的標籤。一旦被貼上這樣的標籤，談判就越加不利。

對於「口若懸河」的談判對象該如何應對？

那麼，再想想更高層級的狀況吧。例如談判對象已經以具有邏輯的理由說明了降價的理由，這時該怎麼辦呢？首先，對方已經詳細說明他們的要求，也說明了此要求的根據或理由，甚至也提出了幾項資料，以具體證據要求我方讓步。這時該怎麼辦呢？

不少談判者會以口若懸河的表現，完美地說明他們的狀況。不過，也不用感到焦急，因為這就是談判這個遊戲有趣的地方。

無論對方的說明多完美，我們都可以直接拒絕：「我非常瞭解，只是以我們的立場來說，無法就這樣接受你們的要求。」

談判並不是要來證明誰對誰錯。無論對方提出多正當的主張，只要對我方沒有好處，就沒有必要接受對方的主張。

帶來合理的談判

如果談判對象的說明有條有理，或者說我方也認為對方是能夠合理談判的對象，那是再好不過的了。不過這時也不用著急。就算對方的說明有條有理，在談判的場合中，最後是否達成共識的王牌都握在我們手中。

只是，如果談判對象做出了具有邏輯的詳細說明，我們也必須有邏輯地向對方解說。這樣的狀況會促進建設性的談判，可以說是談判者歡迎的狀況。

◎提問能力

其次要說明，在談判中該如何提出適當的問題。其實在談判中提問是一個非常困難的環節。

兩種問題的類型

一般來說，最有名的提問類型分為開放式問題與封閉式問題。

所謂開放式問題指讓對方自由表達的提問類型。問對方「您的想法是什麼？」、「能夠再詳細說明一點嗎？」，以這樣的形式讓對方自由發表意見。這種提問的好處是可以從談判對象那邊聽到各種資訊。

相反地，壞處就是有時候無法得到自己想聽到的答案，而且也比較花時間。另外，如果突然問對方開放式問題，談判對象可能會心生警戒也說不定。這是因為在談判的初期階段，雙方尚未建立信賴關係，一般人比較不會透露太多資訊的緣故。因此，如果在談判初期階段就反覆提出開放式問題，對方會感覺遭到盤問，可能也會發生拒絕提供更進一步資訊的危險。

另一方面，所謂封閉式問題就是讓對方回答ＹＥＳ或ＮＯ的問題，例如「是否能夠降價」、「是否能夠提早交貨」等，或者提出二到三個選項讓對方挑選的問題形式。

前者是讓談判對象以二分法回答的問題類型。對於這種接近二分法的問題，我們採取的是不直接回答的對策，所以談判對象也可能會採取同樣的方式回應。只是，如果某種程度已經掌握狀況，雙方也都瞭解選項極為有限的話，在這樣的情況下，封閉式問題能夠非常有效地清楚確認對方的想法。

不過，光靠這兩種提問技巧，很難有效地從談判對象身上問出所需的資訊。因此，我們可以採取較為折衷的方式提問。

詢問詞彙的真正意義

●如何處理語焉不詳的話語

與他人溝通時，通常都會容許含糊不清的表現。不過，如果用外國話溝通，因為不瞭解對方的意思，或是不清楚對方為何用這個方式表現，就會頻繁地問對方更清楚的語意。

以母語進行談判時，基本上不會有人像這樣一邊確認對方的意思，一邊進行談判。不過，在商業談判中，確認談判對象使用這個詞彙的哪個意涵，就是極為重要的工作了。

●努力理解對方所說的話

因此，對於談判對象所說的話，只要有些許不明白，問清楚就很重要了。例如，進行公司合併談判時，經常會使用「綜效」（Synergy）這個詞彙。所謂綜效，主要多用在企業透過合併的方式，彼此發生強大的力量而獲得相乘效果。至於想要獲得什麼樣的綜效？通常都要與談判對象確認清楚才好。

●無須擔心暴露自己的無知

另外，談判過程中陸續出現的專業術語、表現方式等，都必須與談判對象確認清楚。對於談判對象使用的專業術語等，很容易會不自覺地裝懂。

如果是本來就該知道的用語，自己卻不知道，或許會感到不好意思。不過，只要不是對自己的一般常識非常有自信，在談判中聽到有疑問的表現方式或專業術語時，就必須先詢問談判對象。

甚至就算以常識來說，應該知道的詞彙而你卻不知道，也要問清楚才比較安全。就像這樣，談判中如果聽到自己不是很清楚的詞彙，請不要客氣，趕緊詢問對方吧。

●務必確認法律用語

特別是在商業談判中經常會提出法律觀點。在談判對象提出的合約條件中，也可能出現連專家都會突然愣住的專業術語。像這樣的情況，寧願請教對方確切的意思，才能夠放心。例如，「針對剛剛討論許可證合約中的〇〇條款，我想再確認清楚，可以請您再解釋一下這條款的內容嗎？」

或許有人曾經看過英文的合約書，會在最前面或最後面說明定義（Definition）。在法律的場合中，合約書的定義非常重要。去除各種疑慮的狀態下所締結的合約中，必須盡可能去除模糊不清的說法。

當然，這也不是絕對完美的。任何一份合約書一定都會有預料之外的狀況發生。對於未來，所謂共識就是一個還不夠完善的合約。

● 要注意形容詞

雖說如此，身為談判者還是必須盡量處理模糊的狀況，不能擱置不理。在談判中，要有意識地確認對方話語中的意義。

其次，確認「很糟糕」、「困難」、「情勢不斷惡化」這種語意模糊的形容詞之真正含意也是很有效的。如果對方說情況「很差」、「困難」，我方回答「這樣啊」，然後就回去報告，這不是談判。反過來說，就算反駁對方「情勢不可能那麼糟」、「一點也不困難」，也沒有什麼意義。

我再重複一遍，請對方具體說明情況有多糟糕、有多困難，這樣的效果非常好。例如對於「在這樣的條件下，情況很糟」這句話，請對方說明有多糟；「具體來說是哪方面的情況不好，能否請您告訴我重點？」，透過這樣的提問方式找出談判對象的真正意圖。

談判過程中以詢問程度來提問的話，談判對象就無法隨意使用語意模糊的形容詞了。也就是說，透過這類的提問，以間接的形式牽制對方不再說出含糊不清的說明。

●不可能「絕對不可能」

那麼，若是談判對象表示「絕對無法讓步」，又該如何回應才好呢？

像是「無法百分百全盤接受」，或是「這絕對無法獲得主管的同意吧」，這種表現方式就是讓你知道，無論如何他們都不可能讓步。

●忽視也是談判的一種手法

對於談判對象的這種發言，最有效的做法就是完全不發問。其實就算你認真問對方「為什麼」，也幾乎沒有什麼效果。就算你問對方說這話的根據，對方也只會說出各種藉口而已，而且這些藉口都無助於談判的發展。甚至就算你批評對方說出口的理由，如「你的說法不合邏輯」、「不可能會那樣吧」等，也難以改變對方頑固的態度。

在談判中，不要試圖說服對方，一味地迫使對方讓步，應該是讓對方自己瞭解並撤回提案，或是以修正提案的形式讓步，這樣的談判效果會更好。

還有請注意，這不表示你就要接受對方的想法或主張。我們的目的是讓談判對象最後撤回「絕對辦不到」的說法。如果採取逼迫對方認錯的做法讓對方撤回這句話，就算談判對象內心承認自己的錯誤，也會頑固地拒絕讓步吧。所以不要像這樣緊追不捨，只要對方能夠收回這個發言就好了。

轉移話題，雙方再繼續交流一下，就會展開讓說出「絕對不可能」的對方改變想法的談判。這時候，對方多半會自然地改變自己的發言，顯示有讓步的空間。

不過也有例外的情況。如果是法律方面的問題、專利權遭受侵犯，或是接受第三方仲裁時，當你判斷如果不指出對方發言的矛盾、不堅決要求對方撤回發言，就會不利整個談判的發展，就應該清楚指出對方邏輯的矛盾之處。這時就必須直接問對方「為什麼？」，只是，這就是爭取各自權利，明顯處於敵對狀態的做法了。

還有，不明白對方發言的用意或依據而很想提問，或是心生疑慮而想搞清楚時，不要直率地問：「為什麼？」，而是改以柔和的方式詢問：「能否請您再說明詳細一點？」，這種委婉的表現方式效果會比較好。

直覺

◎是否合理（因果關係）

所謂談判，某種意義來說是一種特殊環境。

談判與自己獨自冷靜思考時的狀況明顯不同。因此，就算想在談判中理性思考，也經常會在事後後悔「為什麼我會在這麼奇怪的條件下跟對方達成共識？」。還有，一般人對於未來的利益都有過度樂觀看待的傾向。所以讓你隱約看到未來的利益，而要你勉強接受現在這個條件，或是提供看似可疑卻又具有吸引力的賺錢點子等，某種意義來說，會被吸引也是很自然的。

◎必須注意欺騙式的說服手法

利用人類的弱點，從道理來說，怎麼想也都是缺德的商業手法，而這種欺騙的案例總是接連不斷地發生。

最近，利用複雜結構的金融商品進行惡質銷售，或是捏造眾人談論的科技投資非法吸金的業者越來越多。每每看到這類的新聞報導，我都不禁產生疑問：「那些被騙的人為什麼會相信這種狗屁不通的話呢？」

◎直覺（捷徑的陷阱）

其實這就是思考會產生偏見的原因。我們在做出各種決定時會依賴直覺。關於這點，人稱行為經濟學之父的丹尼爾・康納曼（Daniel Kahneman）等人的研究非常有名。

康納曼認為，如果從系統I與系統II等兩方面來說明人類的思考，就會比較容易明白。所謂系統II指確實的邏輯思考。例如檢查會計帳數字的一貫性、閱讀複雜的法律文章或是自己建立數理模組、思考模組程式等等，進行複雜思考時所使用的思考系統就是系統II，也就是一個階段接著一個階段思考事物時使用的思考方法。

需要稍微集中注意力來做決定時，也會使用這個思考系統，不見得只有進行高度的知性作業時才會使用此思考法。

◎「希望不用思考就可解決」的誘惑

由於系統II對於大腦的負荷非常大，所以一般人傾向於盡量不要使用系統II就能解決問題。就現實方面來說，如果早上起床、刷牙洗臉、換衣服，然後做早餐等每項行動都要使用系統II思考的話，實在太花時間了，這樣會導致日常生活窒礙難行，這時就是系統I出場的時候。

所謂系統I就是透過直覺或印象來決定行動的思考系統，不像系統II那樣仔細思考事物進行的步驟。以開車為例，雖然無法清楚說明理由，但是我們就是會覺得走右線車道比較不塞車，或是運用過去學習的知識簡單算出二加三等於五的答案、立即背出九九乘法表的內容，甚至也會運用腦中的印象或想像，推斷某人自稱畢業於一流大學，所以他的頭腦一定很好。

◎與直覺保持良好關係

由於系統Ｉ的思考方式對於大腦的負擔比較少，所以據說人們幾乎都是使用這個系統過日子。這個直覺研究開始興盛之後，談判學的研究中，除了以理性決策模型為前提的談判決策研究外，關於有限理性（Bounded Rationality）決策的研究也非常多。

◎因果關係的錯覺

直覺方面的問題在於因果關係的錯覺，把毫無因果關係的事情誤以為彼此間具有因果關係。我們擁有高度認知模式的能力，在原來似乎沒有模式之處找出某種模式。我們就是這樣依賴著認識模式來認識這個世界。因此，就算是談判，明明看不出某共識與我們的利益有明確的因果關係，但是卻會一不留神就找到一個可以輕易讓步，或同意該共識的因果關係，而且這樣的情況還經常可見。

人類本來就很擅長組合沒有任何關係的兩種現象，並找出其原因與結果之間的關係，也就是所謂的因果關係。舉例來說，當某項新產品熱銷時，就會找尋其熱銷的原因，可能是功能設計好，也可能是內建軟體方便使用等等。

如果這是午休時間的閒聊話題就還好。當分析某項產品的成功因素時，光是腦中想想應該是無法鎖定特定原因的。還是需要進行消費者問卷調查、比較競爭對手的商品，甚至研究目前的商業潮流等，分析各種要素才能找出產品成功的因素。

然而，若是進入談判，我們就會迅速找出原因，事後再編造各種說法以削減其中的矛盾之處。舉例來說，心理學中知名的「光環效應」（Halo Effect），就是隨意找出因果關係的其中一例。

所謂光環效應，就是把焦點放在幾個明顯的特徵上，並以這幾個特徵為依據，對整體給予評價。如果有一個好的特徵就給予好評，若有一個不好的特徵，則否定整體。光環效應指的就是這兩種極端的效果。

光環效應最有名的例子，就是我們會因為好感度高的打扮、態度、談吐，或是一流大學畢業等特色，而信賴某人或是推斷某人是優秀人才，託付工作絕對妥當。例如，工科畢業的人是通過數學考試入學的，所以應該很擅長邏輯思考吧。像這種「理科＝邏輯」的想法也是一種光環效應。

把商場上成功案例的原因只歸功於優秀經營者獨創的想法，或是評斷該公司的成功是因為某個特定因素等，這些都是典型光環效應所產生的認知偏差（參考Rosenzweig《*The Halo Effect*》）。所以在談判中，要注意自己是不是只依照某個特徵就輕易做決定。

在商業談判中，我們會參考過去的談判經驗，特別是過去的成功案例來決定談判的進行方式或提案。經驗確實是很有用的武器，不過經驗也隱藏著可能會被運用的直覺陷阱（參考Daniel Kahneman《快思慢想》〔*Thinking, Fast and Slow*〕）。

舉例來說，公司向來總是以強硬的態度進行零件採購談判，負責談判的人很擅長讓對方徹底讓步。不過，當這個人職位高升，並且負責與競爭企業合作新產品事業談判時，他會被過去的成功案例所影響。

假設此人在談判時，會從自己過去的成功案例中參考「容易想到」的案例進行談判。當他想到先向對方提出所有條件，最後再向對方下最後通牒的成功案例時，他是打算以這個成功案例為依據進行談判，而不會去思考這個案例在這次的談判是否為最佳戰略。

此外，針對自己容易想到的問題，我們可能運用的直覺經常有過度放大評量的傾向，也就是說，預估自己熟知領域的市場規模或是業績時，會比平常更容易有過度評量的傾向。

最有名的直覺就是展望理論（Prospect Theory）（參考Daniel Kahneman《快思慢想》〔*Thinking, Fast and Slow*〕）。一般人對於價格的評估，會考慮心理價值再做決定。例如以下的例子。

「A選項能夠確實拿到一萬日圓，B選項有五十%的機率可以拿到一萬五千日圓，請問你會選擇哪個？」這時大部分的人都會選擇A，也就是會選擇能夠確實獲利的選項。

另一方面，聽到「A選項一定會損失一萬日圓，B選項有五十%的機率會損失一萬五千日圓，請問你會選擇哪個？」這時大部分的人會選擇B。

一般人面對確實會發生的損失時，就容易冒險下賭注，也就是說有強烈迴避損失的傾向。只是，針對展望理論，依著價格或條件設定的不同，結果也會產生不同的變化。因此無法說這個理論適合各種情況。不過，至少在談判中，理解一般人規避損失的心理傾向，提出讓對方以為我方想減少損失的方案，這樣或許就能夠促使對方做出的決定符合我方的期望。另外，自己規避損失的偏見也可能會錯失難得達成共識的機會，請務必注意這點。

此外，我們的決定大大地受到眼前接收到的資訊影響，也就是所謂的「預示效應」（Priming Effect）（參考池谷裕二《自分では気づかない、ココロの盲点》）。談判前的閒聊中，小小的關鍵字經常會對談判對象造成微妙的影響。就像這樣，認知偏誤在談判中會帶來各種影響。只是這個認知偏誤與談判的關係還有尚未釐清的部分。

直覺與談判的關係不僅是非常有趣的主題，同時也是研究路上有待深入探討的主題。

共識的偏誤

◎共識成癮症

許多人都認為談判時達成共識是很理所當然的。不過談判學認為應該著眼於共識的內容，也就是共識的質。哈佛大學已故的羅傑·費雪教授指出，所謂「明智共識」的條件是，此共識應該要能夠反映談判雙方的最大利益、公平調整雙方的利害關係，還必須

10

注意共識的偏誤

共識的偏誤

只著眼於達成共識

表面上：對於達成共識與未達成共識的印象

	達成共識的印象	未達成共識的印象
談判後的人際關係	友好的	敵對的
談判的評價	成功	失敗
對於談判負責人的印象	優秀	無談判能力

若對於未達成共識的印象太差，則容易陷入共識的偏誤。

考慮共識的持續性以及全體社會的利益。

但是在談判中，談判者承受了「想要達成共識」或者「非達成共識不可」的壓力。主管可能會叮嚀「快點取得結論」，如果在意業績的話，內心就會希望「無論如何，下次談判一定要跟對方簽訂合約」。甚至更嚴重的，主管有時也會下令「總之今天之內要有個結論出來」。

就如以上種種情況，面對談判時，談判者承受達成共識的壓力很大。

◎尊重共識的日本人

可能因為日本人以和為貴的緣故，所以傾向於重視與對方意見一致，或是快點達成共識。另外，經常在談判現場聽到「總之先達成共識，細項日後再慢慢討論吧」這類的提案。

如果是十年前的時代，或許還能夠容許這種模糊的共識。在合作狀況穩定，雙方也同屬一個文化圈的情況下，就不用決定細項條件，而是在彼此的默契中一邊累積「借・貸關係」，一邊調整利害關係。像這種透過默契的瞭解所進行的合作，若是處於出賣對方感覺會帶來極大壞處的封閉關係中自有其效果，但若是不同文化之間的談判，決定好所有細項條件並且要求雙方遵守，這樣的關係才是理性的（參考Avner Greif《*Institutions And The Path to the Modern Economy*》）。

◎重視每次的談判

在現代社會中，顯然後者的合作關係占大部分，所以在每次的合作當中，自己的利益到底被反映了多少是非常重要的。

只是在談判中，「未來我們雙方都誠實地進行談判吧」、「讓我們盡量以達成共識為目標」，多半都是以這類意涵的共識（基本共識，Letter of Intent）開啟談判，然後才進入正式談判。

就像合併、併購或是事業合作那樣，雙方一邊連結對方的祕密資訊，一邊進行盡職調查（Due Diligence）時，除了保密協定之外，也要達成這樣的基本共識。只是，這並不是「總之，詳細的部分先擱著」這種以不確定的形式達成的共識。雙方同意今後持續談判關係的這種基本共識，與跳過現場談判形成模糊共識，默默累積雙方借貸關係的這種共識完全不同。

自我合理化

◎後知後覺與合理化

如果共識的偏誤越來越嚴重，就會陷入非常危險的狀態，也就是「自我合理化」。意思就是當一個人太急於想達成共識時，就會傾向把對方提出的條件都解釋為有利於自己的條件。

如果使用「妥協點」這個詞彙，試圖把自己的讓步合理化，就是個危險訊號。

◎深信總會有辦法解決

像這種情況就是陷入試圖迴避詳細審查共識內容的心理狀態，也就是「今天暫時先有個結論就好」、「就算日後發生什麼問題，總會有辦法解決」的想法。談判負責人不僅容易受到來自談判對象的壓力，也會承受來自公司內部的各種壓力。

如果公司計畫與某家企業共同合作開發產品，談判負責人就會被管理智慧財產權的智財部要求在簽約時，一定要確實保護公司的技術與專利權利，也會被技術工程師要求不能做出有損我方技術優勢的共識。此外，也必須承受來自談判對象的壓力。甚至為了實現自己夢想的合作模式，也會強迫公司幾個部門必須忍耐。

◎動機減弱與達成共識的誘惑

像這樣進行調整的話，談判負責人會遭受來自公司內部的不滿，還要忙於整合公司內部的意見。搞不好還會出現許多對於負責談判者的批評。這時，你的內心就會逐漸產生被害者的想法，「只有我為這場談判做牛做馬」。然後，隨著談判的壓力逐漸升高，對於談判的動機逐漸減弱，最後甚至就不想管了。

◎感到痛苦時會產生逃避的心態

當內心處於這樣的狀態時，腦中可能會出現「盡快結束談判」的想法。一般人若感覺不愉快，就會想盡辦法脫離這個狀況。這時候，內心就會急欲以有利自己的藉口來結束話題，再設法透過自我合理化來說明談判結果。

例如，「這次對方有稍微讓步了，我方應該也可以讓步吧」，或是「已經跟談判對象花了相當多時間討論了，若想再多要求對方也是徒勞無功」，像這樣試圖以對自己有利的理由達成共識。

在這樣的情況下，談判學建議談判者要再度確認自己的使命。到底是為了什麼目的進行談判？自己想在這場談判中獲得什麼？像這樣再度確認談判使命，就可以避免做出草率達成共識的舉動。

對於共識過度期待

◎未來的一切都是美好的

對於共識的過度期待將引發各種問題。當我們思考未來時，總是容易過度樂觀，所以就算在達成共識後，只要想到交易會如自己所願的那樣順利進行，就很容易只關注正向的一面。

◎樂觀的預測

像這樣對於長遠未來的預測太過樂觀，將會使自己在眼前的談判中輕易讓步。在心態上很容易變成暫且先達成共識，等實際進入合作實務之後，再來解決各種問題。將目前雙方爭論的難題先擱著，總之先達成共識，詳細的部分等實際運作時在現場解決即可。不過，這種想法不見得會順利運作，甚至可以說通常都會引發各種問題。

◎假設最差的情況

若想避免這樣的情況，在進行談判的事前準備時，就必須思考萬一談判不順利時的替代方案，也必須事前擬定若陷入悲觀狀況時的應對方式。如上所述，我們在談判中都會被各種誘惑或心理偏見所影響。在這樣的情況下，真的很難做出適當的決定，達到明智的共識。先具備這樣的認知之後，再來運用談判學的基本原則是非常重要的。

第3章

如何破解高壓攻勢的策略

1 何謂高壓攻勢

是強者？是弱者？

所謂高壓攻勢經常指在談判中，試圖以上下關係來處理談判相關人員的人際關係。

在高壓攻勢中，經常要測量自己與對方的權力關係，當自己位於強勢地位時，就要對對方採取強硬態度，當自己位於弱勢地位，就要採取低姿態或是順從態度，透過這樣的調整來達成共識。

所謂高壓攻勢談判者，不單指以強硬姿態談判的人，當自己所處的立場相對較弱時，這種人就會處於停止思考的狀態，對於談判對象低聲下氣順從。這種兩種極端的談判模式就是高壓攻勢談判者的特徵。

11

高壓攻勢

利用高壓攻勢（上下關係）測量自己與對方的權力關係

①社會性的角色
②所有權
③專門知識・技術
④個人魅力（人氣王）

參考文獻：Anne Dickson《*Difficult Conversations*》。

高壓攻勢的四種來源

談判時，什麼樣的情況會採取高壓攻勢呢？

高壓攻勢的來源有四種，第一就是社會性的角色，也就是社會地位，例如主管與部下、學長與學弟、老師與學生等根據社會性的立場或角色所產生的上下關係。第二是所有權，例如擁有許多原油的產油國，與像日本這種消費石油的國家之間的關係，或是稀土、土地、建築物、金融商品的交易關係等，都很容易轉變成高壓攻勢的談判模式。第三是因專業知識或技術產生的權力關係，例如律師與委託人、醫師與患者等因資訊不對等而產生專家與一般人的區別，高壓攻勢很容易進入這種人際關係之中。產生高壓攻勢的第四個來源就是具有個人魅力的「人氣王」。與對於第三者產生非常強大影響力的人物之人際關係，經常會變質為高壓攻勢的狀態（參照Anne Dickson《*Difficult Conversations*》）。

2 高壓攻勢的陷阱

其一——試圖以二分法解決

高壓攻勢的談判方式會產生三個問題。第一，如果談判進展為高壓攻勢的模式，很容易形成讓步或不讓步這種二分法的談判。因此，雙方除了利益分配的談判之外，沒有其他選項。由於缺乏透過談判擴大雙方利益的想法，所以也會發展為重視討價還價的談判模式。

其二——擔心決裂

第二，高壓攻勢型的談判者完全以權力關係判斷談判情勢。如果認為自己處於強勢地位，就只會一味地堅持自己主張的正當性。這類型的談判者會以談判破裂的危險，逼迫談判對象讓步。

也就是「就算不跟你們合作，我也完全可以自己處理，所以跟你們簽訂的合約，隨時解約也沒關係。不過如果解約的話，傷腦筋的會是你們吧。若是你們想續約，最好還是接受我的要求吧。」這種談判模式就是高壓攻勢談判者的基本戰略。

這類談判者中，也有人會採取較為彈性的方法。例如讓對方看到我方的關心，以客氣且不施加壓力的發言內容強調談判破局的風險，或是雖然表面上提出幾個選項給談判對象選擇，但是基本上都只有高壓攻勢談判者獲利。

特別是高壓攻勢談判者所提出的選項，幾乎都不考慮對方的意見，所以對於談判對象提出的修正案或替代方案就表現得非常消極。本來高壓攻勢談判者對於談判對象的想法或意見就抱持懷疑態度，所以他們在談判中所提出的選項範圍，必然是非常狹隘的。

其三——世界圍繞著自己轉的迷思

高壓攻勢談判者不擅長的是，光以自己的合理主張無法解決的談判情況，也就是發生複雜且困難的紛爭時的談判情況。

12

高壓攻勢的問題點

①選項變少

・是否要讓步？
・是否認同對方的要求？

②使紛爭惡化

反擊對方的主張→發展為透過武力解決紛爭（戰爭、仲裁）。

③心理上的對立長久持續

由於高壓攻勢的緣故，某一方的談判者內心的不滿及怒氣將會長久持續。

在這種狀況下，逼迫對方讓步，對方也一定會反駁、抵抗，所以雙方的討論不會有交集，形成平行發展的局面。甚至更糟的是，高壓攻勢談判者的談判無法順利培養雙方的信賴關係，因此雙方的不信任感越來越嚴重，導致紛爭逐漸惡化，最後發展為付諸訴訟，或是因國際間的紛爭而引發武力衝突等後果。

在高壓攻勢中，就算這樣的做法能夠確保自己的利益而「贏過」對方，感到滿足的也只有高壓攻勢談判者一方而已。談判對象內心會產生強烈的反感或是心理上的抗拒。內心一定希望有朝一日要找這個高壓攻勢談判者報仇、報復吧，或者也可能希望未來要斷絕與高壓攻勢談判者的關係。

如上所述，高壓攻勢談判者不適合進行締結持續性合約的談判。

3 談判與對話

固定模式的談判風格

高壓攻勢談判者的談判風格比較屬於固定模式。其基本型態就是利用自己的強勢來威脅對方。威脅的手段很簡單，就是誇耀「如果談判破裂，我的損失絕對不會比你多，所以我的實力遠遠比你強大」。基本上，堅持要求對方讓步是高壓攻勢談判者的特色。這種談判風格完全欠缺「對話」的觀念。

會話與對話

會話與對話的差異點，已於前言簡單說明過，以下再稍微詳細解釋吧。

會話（Conversation）指盡量在現場持續雙方長時間友好關係的溝通。若想要盡量持續談話關係，最好的方式應該就是避免意見的對立或爭論。因此，雙方在會話中一定要避開容易產生對立的話題，例如政治話題、針對目前經濟情勢相關的話題，甚至是種族或宗教等，與彼此價值觀或倫理觀念直接相關的話題等等。

經常聽人說談論天氣是最安全的話題。會話的最主要目的就是彼此對對方不抱持敵意，也互相瞭解彼此的關係是友好的，雙方塑造和樂的氛圍，或是僅限於談判當下的舒適氣氛。

談判就是對話

相對於會話，「對話」（Dialog）就是以彼此的不同意見為前提進行溝通。雙方針對爭議點說出自己的想法，並非某一方屈服另一方的意見，而是根據彼此意見的優、缺點不斷進行討論，直到雙方認同為止。最後針對彼此的爭議點或論點，找出克服雙方意見差異的新價值觀（創意、想法），這就是對話的動力來源。

對話與會話的英文分別是Dialog與Conversation，是完全不同的單字，不過在日文中由於詞彙相似，所以經常容易被混淆。

光靠會話，談判不會有結果

日本人對於談判的誤解多半來自於「談判是會話的延長線」之想法。確實，談判或許也可以從會話切入，那是為了建立雙方和諧的氣氛、積極交換意見而建立的基礎。

不過，當雙方提出價格或條件，彼此的立場產生明顯差異時，會話就必須切換成對話。如果認為就算進入這樣的狀況「也想維持會話的氛圍，盡量不要破壞現場的氣氛」、「盡量不要造成雙方對立，希望圓滿解決」，那麼你將會為了維持現場的氣氛而讓步。談判一定要在某個階段明確地從會話轉移到對話才行。在談判中發生意見不合的情況是很正常的，這個對話的基本原則千萬要牢記在心。

高壓攻勢談判者不擅長對話

高壓攻勢談判者在本質上不擅長對話。這種人通常自尊心強，對於自己的意見或價值觀之防衛心也強，所以他們強烈關心自己的想法是否被對方接受。還有，為了想要意見被別人採納，他們必須強調自己的優點，也被「只能威脅敵方」的想法控制，因此這種人幾乎不曾試圖理解對方的想法。很遺憾的，這種人雖然能夠獲得眼前的利益，卻不適合進行獲得中長期利益的談判，也不適合進行超越對立、建構雙方信賴關係的談判。

談判時的對話並不是決定哪方的意見或主張正確或錯誤，而是確認雙方意見的差異，從這個差異點出發，試圖以新的創意或想法來解決問題。一邊運用談判對象的創意，一邊找出對雙方都有利的選項。

就算沒有居於優勢地位讓對方順從，也能夠達成自己覺得滿足的共識。若想要獲得這樣的成果，首先在談判現場中，不要害怕與對方面對面對話。把自己置身於意見對立或立場不同的狀況下，與對方正面對峙，這才是對話的基本態度。

4 與談判對象確實面對面

那麼，該怎麼做才不會陷入對方高壓攻勢的手段進行談判呢？首先，對於高壓攻勢必須採取不對抗的新做法。以下說明三個重點。

重點之一——面對高壓攻勢談判不可退讓

當談判對象是高壓攻勢談判者，並且對我們採取高壓態度，例如提出強烈的要求，讓我們知道若不接受對方要求，將不惜使談判破裂，這時我們絕對不能被這樣的戰術影響。

對抗這樣的談判對象，不陷入高壓攻勢的陷阱非常重要。這時不要批評談判對象，冷靜堅持自己的主張，然後把所有的精神集中在理解高壓攻勢談判者的主張上。瞭解對方的想法之後，才能夠討論有效的因應對策。

向對方提出任何主張時，一定要特別強調以下三個重點，①自己的主張與要求的內容；②這個提案之所以合理的理由；還有③根據這個提案，雙方的共識會產生什麼變化，特別是談判對象會得到什麼好處。

這樣的提案既不是對高壓攻勢談判者採取敵對態度，也不是卑微順從對方，只是一貫根據自己的風格提出適當的主張，這可以稱為自信的主張，也可以說是合理的主張。無論對方採取何種態度，都要讓對方看到我方堅持合理主張的決心。

透過這樣的方式，讓對方明白在他們引導的高壓攻勢遊戲中，我們面對任何資訊都不會妥協。除非通過這第一階段的考驗，否則就不可能與高壓攻勢談判者建立正常的合作關係。

還有，在這個階段一定要注意不要試圖改變高壓攻勢談判者的態度或是對方的想法。想改變別人的態度本來就非常不容易，能夠控制的只有自己的行動而已。這個技巧是改變自己的行為，也就是讓對方知道我們不會向他們訂出來的規則妥協。

這不是要求對方改變，而是藉由自己的改變促使對方加入新規則的做法。乍看好像是間接的做法，不過這個方法遠比試圖直接改變對方的主張要來得有效。

13

從高壓攻勢的轉換

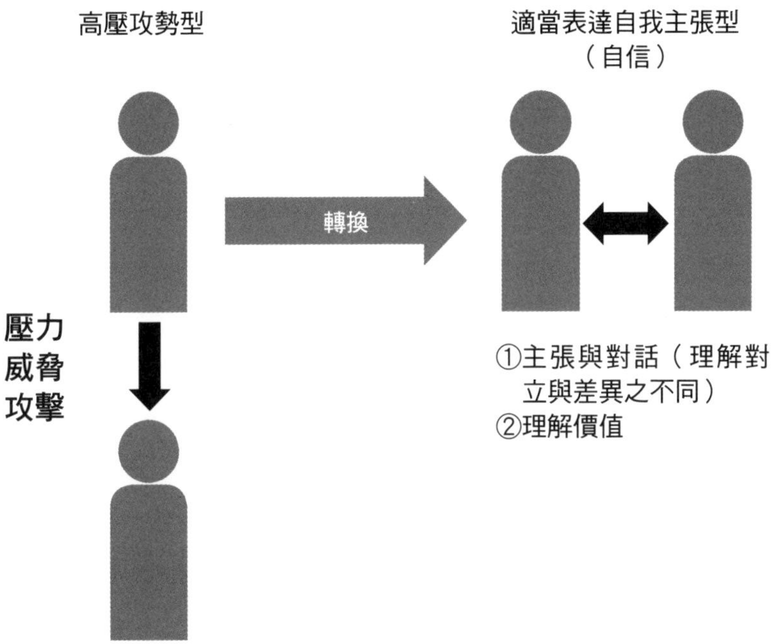
高壓攻勢型
適當表達自我主張型
（自信）
轉換
壓力
威脅
攻擊
①主張與對話（理解對立與差異之不同）
②理解價值

重點之二──掌握重點理解對方

其次，你必須表明會盡量仔細聆聽高壓攻勢談判者的主張。順帶一提，你當然也可以評論、批判或是反駁高壓攻勢談判者的意見。

不過，你必須注意反駁的方式。高壓攻勢談判者很擅長防衛自己的意見，因此，如果只是單純批判或反駁，對方會輕鬆地反擊。而且面對那樣的敵對態度，將會因強硬的力量反彈而造成自己內心的壓抑，所以更容易被拖進高壓攻勢談判者的算計之中。

不過，假設你的態度是仔細聆聽高壓攻勢談判者的提案，然後試著瞭解該提案的內容並提問。這種提問是讓高壓攻勢談判者詳細說明的方式，也是有效的做法。

高壓攻勢談判者無論如何都想設法說服對方，所以他們會掌握對方提問的良機以說服對方。這時候，高壓攻勢談判者會變得多話，也會極為詳細地回答問題。此時，最重要的就是耐住性子不要反駁，積極地請對方說明想法，然後讓他們看到你試圖理解其說明的態度，一邊附和「原來如此」，一邊聆聽對方的發言。

只是，在此必須注意理解與讓步是兩回事。在這裡可施一個小技巧，那就是當對方的說明出現不利我方的內容，你就故意沉默下來，停止附和，不要說出「原來如此」等附和的話語。這將帶來良好的效果。

一般來說，高壓攻勢談判者就算對談判對象採取強硬態度，也是希望在某處獲得談判對象的某種認同。與其說他們希望對方認同自己的意見，倒不如說他們希望對方認同他們本身的存在意義、優秀能力以及自己是談判高手的事實。

擁有這種強烈認同欲求的高壓攻勢談判者，會非常在意我方的反應。因此，如果我方傾聽但有些部分卻沒有附和的話，高壓攻勢談判者的內心就會變得非常不安。

就像這樣，盡量理解高壓攻勢談判者的意見內容但卻不讓步，集中精神維持這樣的模式吧。這樣的談判模式將會給高壓攻勢談判者帶來相當大的威脅。或許高壓攻勢談判者一開始會因為無法有效運用其慣用手法，而顯露焦急的心情或表現出決裂的態度。不過，只要我方不與之對抗，也不以高壓攻勢回應，高壓攻勢談判者就沒有攻擊的施力點。漸漸地，對方應該就會發現今天的談判或許無法採用一直以來的做法。

這種談判手法比對抗對方的高壓攻勢，或是駁倒對方更為高明。如果想改變與高壓攻勢談判者之間的關係，除了不斷採用這種做法，以提問的方式間接提案之外，別無他法。在這樣的過程中，能夠有效地逐漸改變與談判對象的關係。

重點之三——讓談判對象思考

另外，對於高壓攻勢談判者有效的提問，並非正面否定對方的主張，而是「能不能請您告訴我，如果我方接受提案，最後會達成什麼樣的共識內容呢？」，這樣的提問效果較好。

請高壓攻勢談判者自己說明如果以他的提案為前提，談判將會得到什麼樣的結果。當然，可以想見我方會得到不利的結果，但是讓高壓攻勢談判者從自己口中說出這樣的結果，效果會更好。

怎麼說呢？因為一般人通常都認為自己比別人更公正，高壓攻勢談判者也一樣。就算是提出無理主張的高壓攻勢談判者，也認為自己是公正人士，認為自己的主張對於談判對象而言是公正的提案。

因此，清楚說出顯然不利談判對象的結果，而且還是由自己本身說明，高壓攻勢談判者對於這種事多少也會心生抵抗。不過，由於我方特地要求高壓攻勢談判者說明，這也能夠讓他們察覺我方是很難接受他們的主張的。

另外，高壓攻勢談判者的提案對於共識內容會產生何種影響？還有會產生什麼樣的利益或損失？針對這幾點，透過讓對方說明的做法，就能夠清楚確定爭論的重點。就算對方還能夠公然說出不利我方的結論，並且對此絲毫不產生情感上的動搖，讓對方說明這件事本身也有其存在的價值。

5 談判對象不是怪物

小心不要落入自己的臆測（Over Estimation）

在與高壓攻勢談判者談判的過程中，還必須注意一點，那就是我們應該小心別把高壓攻勢談判者視為怪物。請看看以下的舉例。

「對方要求我們依報價單的價格降價十%。」

「對方要求我們依報價單的價格降價十%，他們也太瞧不起人了。」

這兩句話明顯不同。第一句話只是客觀傳達對方要求，並沒有特別參雜個人的價值判斷。不過第二句話呢？第二句話加入了「他們也太瞧不起人」的價值判斷。由於這個「瞧不起人」的價值判斷，使得談判對象的發言聽起來更不舒服。

把對方視為怪物

如果冷靜想想，這個「瞧不起人」的判斷是從何而來呢？這就是在談判中把對象怪物化的現象，也就是對對方做了過度的臆測。

像這樣，對於談判對象，我們會隨便找個理由，並且配合自己的想法輕易地評論對方。這種把對方視為怪物的舉動，很容易發生在過度解讀談判對象極小部分的行為舉止或表情，或者容易發生在過度強化自己想像的情況。

或者可以說，把對方視為怪物，並不是仔細觀察談判對象的表情後所產生的推論，而是幾乎不觀察談判對象，就透過自己天馬行空的想像所捏造出來的幻想。

把注意力放在對方的提案．發言內容

在商業談判中，比起談判對象的表面態度，著重談判對象的發言內容更能夠預防判斷錯誤。

在商業談判的場合中，通常是透過書面文件來確定共識的內容。因此，就算無法從對方的表面態度讀取對方的內心想法也無須慌張。在討論共識內容的過程中，有許許多多的機會確認談判對象的真心或意圖。如果被談判對象的表面態度蒙騙而錯估對方的姿態、態度的話，倒不如徹底注意對方的發言內容，把注意力放在其發言內容的合理性上，這對談判的管理將更有效率。

最好忽視關於談判對象的傳言或評價

特別要注意的是，透過第三者對於談判對象的傳言而產生的印象，而非你直接的所見所聞。要知道，像這樣的傳聞幾乎都是不可靠的，瞭解這點再進行談判比較好。

在商業談判中，光是把焦點鎖定在對方的發言內容是否合理，就已經很耗費心力了，先把重點放在這點上，才會提高談判的成功機率。

第4章

擬定談判策略——事前準備的方法論

1　事前準備占成功的八成，先從準備著手

在煩惱之前先做好準備

面對必須談判的狀況時，心裡一定會想：「哎呀，該怎麼做呢？怎麼做談判才會順利呢？」在談判前想東想西，這是人之常情。例如，會擔心「在哪個時間點丟出價格？」、「條件變更要如何說明才好？」等等有關條件或內容的問題。

另外，內心可能也會感到不安，例如，「如果對方聽了我的提案生氣了，那該怎麼辦？」、「萬一談判破局要如何處理？」。其實跟談判當下相比，搞不好在談判前或許更容易累積壓力呢。所以在談判前不太想去思考談判的事情，這也是可以理解的。

不過，談判學主張談判一定要從事前準備開始。透過談判前的準備，①談判中不會被對方突然的提案或是打算欺騙我方的惡劣戰術所迷惑；②一開始就確認清楚談判時所期待的成果，減少被現場氣氛影響而輕易讓步的危險；③預先設想談判的進行，決定事

14

五階段的事前準備（Five Step Approach）

①掌握狀況

②使命

③找出自己的強項

④設定目標

⑤思考替代方案（BATNA）

前的安排等等，如此就能夠有效率地進行談判。這就是做好事前準備的好處。

五階段的事前準備

話雖如此，談判前的準備還是令人覺得很疲累的一件事。如果每天被忙碌的工作追著跑，通常都沒有多餘的時間精力準備談判的事情。因此，我將在此介紹談判前至少應該掌握的最低底線。

談判前的準備有各種做法。在此介紹最有效率，也最有效果的「Five Step Approach」，也就是「五階段的事前準備」。就像是一階一階爬上階梯一樣，依序做準備。準備到最後階段時，大致瀏覽一遍已準備好的資料，若有必要也能夠做一些修正或改變。透過五階段的準備，從整體到細部都能夠面面俱到。

在談判中，把眼光放在大局，也就是透過談判把焦點放在應該達到的利益是非常重要的。不過，在大多數的談判中，談判者會熱衷於價格談判，或是特定條件的討價還價，因而忘了最適合大局的做法。就算達成一項項的共識，以整體來說，也並不是自己的目標共識，如果想從這樣的部分平衡狀態，切換到最適合大局的整體均衡狀態，透過事前準備鳥瞰談判整體，就非常重要了。

就算不是完美的準備也沒關係

再者，當時間有限而無法做好充足準備時，光是在腦中想起這五階段準備也是有效的。這個五階段事前準備並沒有規定最少需要幾分鐘。沒有時間的人就算花五分鐘也可以，所以請先試試看。

就算無法五項都做到，只要能夠做到例如掌握狀況與確定使命，這樣也會帶來良好的效果。請務必捨棄五階段都要做到的完美主義，先試著只準備一項吧，光是這麼做就會有很大的幫助。

以下就簡單為各位介紹事前準備的五個階段吧。

2 五階段事前準備的重點

階段一——掌握狀況

一般人會盡可能避開不愉快的事，或是對自己不利的事實。但是，不看清楚對自己不利的事實就隨便擬定對策，這在危機管理上是不對的。而且，預測談判走向也會窒礙難行，還可能發生犯下相同錯誤的危險。

雖然大家都會說要冷靜、客觀把握狀況非常重要，但到底要怎麼做才能夠冷靜呢？我想應該沒有人知道吧。

其實在掌握狀況方面，要冷靜提供分析所需的觀點，此外，還要能夠因應談判性質或其重要程度靈活運用才行。

階段二——使命

所謂「使命」，指透過談判，最終想獲得什麼樣的利益，或是想要透過共識產生何種新的價值。換句話說，就是「為了什麼目的進行談判？透過談判取得共識，最後想解決什麼問題？」

舉例來說，某家醫院打算引進平板電腦而與業者進行談判。這時的使命是什麼呢？假設院方想以一萬五千日圓的單價購入平板電腦，這就是院方談判時的使命嗎？其實不然。以這個案例來說，使命應該是「引進終端機對組織而言會帶來什麼好處？」，也就是說，透過平板電腦的引進能夠改善工作效率，例如減少無謂的書面工作、提高文件的製作效率，或是改善醫療服務品質，如全員共享患者或客戶的病症或期望，而能夠提供良好的服務等等。這才是這次談判的使命。

不過，現實中大部分談判都不會思考使命，很容易以短視的觀點進行談判。例如，只是單純地希望買到便宜的平板電腦就好，以後再來想細節的部分。若想避免這種情況，在準備階段就要確定談判的使命是什麼。

階段三——找出自己的強項

如果希望談判結果是一個明智的共識，那麼這個共識必須反映雙方的利益，而且自己的利益也應該達到最大。若想要達到這樣的目的，就要盡量列出新的選項或條件，克服彼此的對立情況。不是一味地讓步，而是必須改變條件交換某些好處，不斷重複這種具有建設性的讓步。

在這當中，最主要的重心是提出具有創造性的選項（Creative Option）。不過，當被問到何謂創造性選項時，大部分的人說明都非常模糊。若想在談判中靈活運用創造性選項，就要先清楚確認自己的強項，儘量針對自己的強項做好萬全準備。

這是繼使命之後非常重要的準備工作。在談判中，保護自己的最重要武器就只有自己的強項了。還有，對方不想跟別人，只想跟你談判的真正理由，是因為你的強項具有吸引力。自身的強項能否一直運用自如，這影響了談判的成敗。因此，事前必須「盤點」自己所擁有的強項。

找尋自己的強項，當陷入不利的狀況時就能夠發揮其威力。談判中情勢逆轉，經常是因為運用了自己的強項之故。

階段四——設定目標

思考談判使命以及自己擁有的強項之後，接下來才是針對應該協議的事項設定具體目標。大部分的人談到談判的準備，總是從「制定價格」開始著手。不過，無論是價格、交貨日期、產品功能、選擇條件等等都一樣，在談判中，最重要的就是最終自己的利益能否達到最大。

所以在討論個別條件之前，必須先決定大方向，也就是設定目標。設定目標有三個步驟，①鎖定談判中討論的協議事項；②關於協議事項要針對對方提出的條件（價格）而定；③自己能夠讓步的最低底線（若是價格，就是所謂的底價〔Reservation Price〕）。

階段五——思考替代方案

談判的目標是達成共識。不過反過來說，若想要有效達成共識，必須事先思考無法達成共識時應該採取的手段，英文稱為Best Alternative to a Negotiated Agreement（談判協議的最佳替代選項），簡稱為「ＢＡＴＮＡ」。簡單來說，如果是前面提到引進平板電腦的案例，ＢＡＴＮＡ的考量之一肯定是向多數業者取得報價單。不過也可以考慮暫時觀望購買平板電腦的方案。

當這個ＢＡＴＮＡ非常弱，或是看起來幾乎找不到ＢＡＴＮＡ時，談判學做了各種研究，探討在這種時候該如何找到或是如何加強ＢＡＴＮＡ。總之，預測任何談判都有可能會破局，準備好談判破局時的因應對策，也就是ＢＡＴＮＡ，這樣就會提高談判共識的品質。

以下再進一步詳細說明這五個階段吧。

3 掌握狀況

確認自己目前的狀況

不只是談判，在開始進行任何一件事之前，都應該先確認自己目前處於什麼樣的狀況。雖然這話聽起來很理所當然，不過瞭解自己目前的狀態，是進行適當談判時不可或缺的準備工作。

只是，不見得每個人都擅長冷靜且客觀地掌握現狀。處於對自己有利的立場時，比較能夠好好地掌握狀況。

不過，如果處於對自己不利的狀況，或是遭遇困難局面時，就會從現狀中擷取只對自己有利的條件作為談判的依據。

從掌握狀況開始著手

當企業發生醜聞，如果沒有在初期階段掌握正確狀況，經常會失去收拾殘局的機會。一旦發生對自己不利的事情時，我們總是會試圖否認事實，萬一無法否認成功，接著就會對該事實進行批判。

正確掌握狀況是非常困難的。那麼該如何掌握才是正確的呢？這並不是「要冷靜」、「要以客觀角度進行分析」等形而上的論點就能夠做到。

自己不冷靜或是慌張時，更需要設法讓自己客觀掌握狀況。以下我將說明掌握狀況的三個重點。

①誰是利害關係人

首先，列出所有與這次談判有關的利害關係人。透過這項作業來掌握談判的相關人物。在商業談判中，與談判相關的人很多。這些人會因為談判而受到某些影響，同時也會影響談判，因此，先掌握所有相關人物非常重要。如果與多家企業有關的話，盡量把所有企業條列出來。把自己腦中想得到的所有利害關係人都寫在紙上，這在正確掌握狀

15

① 掌握狀況

知己知彼，百戰百勝。

《孫子兵法》〈謀攻篇〉第三

↓

掌握自己的狀況，預測對方的準備。

①掌握自己的狀況

②站在談判對象的立場，預測對方可能準備的內容

③更新談判中的狀況

況的意義上也是非常重要的。

透過這樣的作業會幫助你明白許多事情。例如，就算眼前的談判對象很難纏，如果列出所有與談判有關的人物，就能夠繼續進行談判，不會只在意眼前的談判對象。舉例來說，你或許可以設法影響其他的利害關係人來改善與眼前談判對象的關係，或是給予對方壓力。

另外，瀏覽列出來的所有利害關係人，就能夠預測在自己擬定的共識內容之下，誰會處於不利的狀況，也能夠及早發現未來要談論的合約會遇到哪些阻礙。

更進一步地，也會看出談判對象最在意的利害關係人（談判對象的主管、客戶等）。像這樣整理利害關係人的作業，能夠非常有效地從宏觀的角度看待這場談判。

②與談判有關的外在環境

談判前要思考與這次談判有關的外在環境（社會情勢或經濟狀況）。以下透過具體案例來練習。以上述醫院採購平板電腦的例子來思考談判的外部環境，我們先想想這個談判的背景，特別是為什麼要開始進行這個採購案，這時或許可以舉出學校或醫療等機關團體都陸續引進、電腦越來越便宜、可以輕易獲得加贈軟體，以及能夠客製化等等原

15

②與談判相關的各種背景

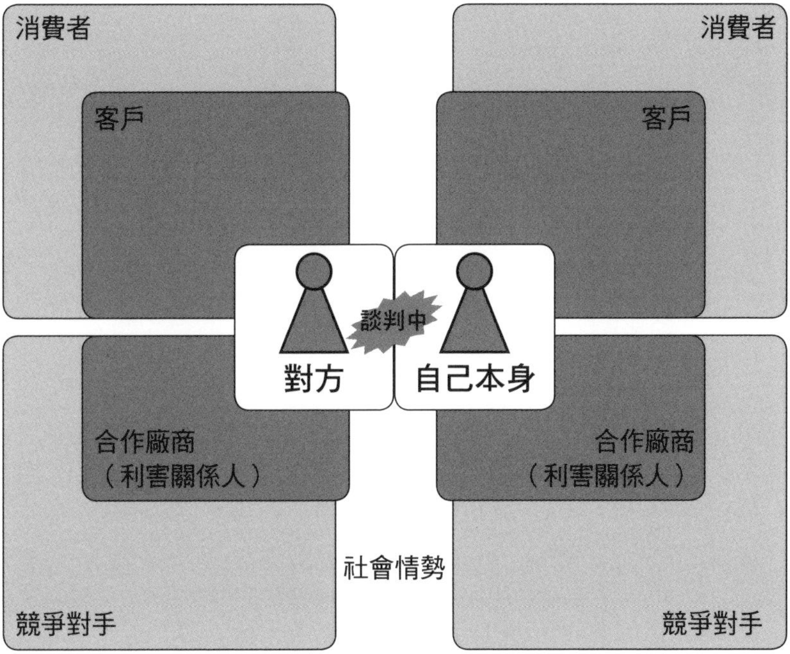

因。不過，真正的談判動機，會不會是因為聽到醫院的競爭對手即將採購平板電腦而引起的？就像這樣，談判會受各種外在環境或外在因素（Context）影響。

思考外在環境中，哪一個因素影響最大，就會看出這次談判的必要性或重要性。例如，假設競爭對手引進平板電腦是這次談判的重要因素，或許就會產生「真的只因這個理由就應該購買嗎？」、「真的有必要嗎？」等疑問。這時候可能就會想出一些因應對策，例如這次談判先聊聊實驗性引進平板電腦，或是在醫院的工作現場調查平板電腦的必要性之後，再進行採購談判。就像這樣，注意談判的外在因素非常重要。

③圖解談判關係

若想要冷靜分析狀況，把狀況化為實際圖像是很有效的做法。找出利害關係人並且掌握影響談判的各種外部因素之後，再寫在紙上，這樣更能夠正確理解真實情況。

談判的圖解沒有特別的規則。可以利用圖解說明與談判有關的人之人際關係，或是把自己要求的條件簡單做個一覽表等，各種形式都可以。只是，掌握狀況最有效的做法，還是能夠一眼看出利害關係人與外在因素的一覽表。有一種談判矩陣，也有助於利用圖像進行分析判斷。

4 使命

何謂使命

若想要有效持續談判，必須訂出一個談判主軸，也就是貫穿整場談判的基本方針。我們稱此基本方針為「使命」。提到使命，或許一下子不容易明白。不過，若想要進行通用全世界的談判，這個使命的思考方式就變得非常重要了。

最後的依據

使命這個詞彙有任務、義務的含意。更具體的來說，也有人類要完成的最崇高目標，或是自己生存下去的依據。在談判中也是一樣，我們必須思考透過這場談判應該達成什麼目標。也就是說，透過談判，公司未來應該達到什麼樣的發展，或是以個人來說，透過這次談判想實現什麼、想獲得什麼等等，思考這些就是思考使命的內容。

反過來說，與使命完全相反的想法會是什麼呢？例如，因為是主管的命令所以必須前去談判，如果不簽合約就不會有業績，所以才要談判等等，僅只於這種想法而已。

使命是自己創造的

所謂使命並不是被動的概念。舉例來說，因為接到某人的命令所以前去談判，這只是說明自己談判的外部因素而已。所謂使命，是希望透過談判實現某種目標的想法而產生出來的。以下我將具體說明有效創造使命的做法。

◎組織的使命為何？

公司的經營理念

首先，如果是代表組織進行談判的多數上班族，要先參考公司的基本方針、經營理念之後，再來擬訂這次談判的使命。如果是為了公司談判，利益最後屬於公司，就算是非常微不足道的合約談判或是極少數量的零件採購談判等，其談判內容也都必須符合公

16

創造使命的確認清單

1 □ 確認自己公司・組織的經營理念（使命・聲明）

2 □確認自己公司・組織的事業戰略（中期計畫等）

3 □ 確認這次談判的契機為何（新技術、新產品上市、開拓新市場等）

4 □ 確認公司內部對於這場談判的期待或想法

5 □ 思考如果這次談判達成共識，透過這場談判的結果（一年後、五年後等）將可獲得什麼（利益）？

6 □ 確認自己本身對於這場談判的期待或想法

司的基本方針與經營理念。

對理念的貢獻

因此，必須思考自己負責的談判到底能夠以何種形式為公司貢獻。每家公司寫出來的經營理念或是事業戰略等，並不是單純形式上的文字而已。公司全體員工都是以實現公司的經營理念為目標，在日常的工作中想盡辦法思考對組織做出貢獻。這些想法在提升整個公司進行談判的品質上是不可或缺。就算是一顆小螺絲的價格談判，時時檢視這場談判是否符合公司的基本方針，保持這樣的態度是非常重要的。

◎思考自己本身的使命

受到何種期待？

參考公司的基本理念或事業戰略，確認整體方向之後，接下來就要思考自己在這次談判中，被定位在企業理念或事業戰略的哪個位置上，然後再想想我等帶回來的談判結果會受到公司何種期待。換言之，就是思考自己透過直接談判能帶給公司什麼貢獻。

遠眺共識的未來

想像達到共識後的狀況，可以作為思考使命的線索。想像最後透過這個共識會建構出何種商業模式，或是能夠期待何種利益。不是把談判的結果當成共識，而是把焦點集中在達到共識後，最後的商業模式會以何種形式實現。

以使命決定一切

在這個階段終於能夠決定這次談判的使命了。如果可以的話，希望你能夠慢慢思考這次談判的使命。如果沒有時間，不妨自問透過這場談判自己將受到何種期待？這樣就能夠做好相當程度的準備。

所謂使命，光是思考這個動作也會帶來相當大的效果。一開始有可能還不確定這次的使命，但自己思考使命的這個概念，就具有足夠的價值了。

瞭解目前面臨的談判價值

順帶一提，當你靜下心來仔細思考使命時，腦中也可能出現取消談判或許才是正確做法的想法。當然不是因為預測這場談判艱困而心生膽怯，所以不想出席談判，或是希望最好不用談判就能夠解決等想逃避問題的想法。如果深入思考使命的話，談判的價值將會更加清楚，有時也會對於談判的價值本身產生疑問。

舉一個歷史的案例。日本平安時代的貴族，也是被日本人奉為學問之神的菅原道真雖然被任命為遣唐使，不過他對於前往國力已經衰弱的唐朝這件事心存疑問，並且提出廢止遣唐使的建言。

如果被任命遣唐使，一般人通常都會思考該如何前往唐朝吧？不過如果試著想想「遣唐使這個政策原來是為了什麼目的而實施的？」，確實就可能會得到廢除遣唐使的選項。

在現實中，我們在工作上接到「去談判」的命令，通常都不會建議主管「這場談判沒有意義，所以還是取消吧」。不過，到底是為了什麼目的進行談判？這個問題是俯瞰整個談判時最重要的概念，也可以說是使命的意義。

5 強項

靈活運用自己的強項

談判前，請盡可能多找出自己的強項後再前往談判吧。掌握自己擁有的強項是提高談判成功率的最大關鍵。那麼，為什麼光是強項就夠了呢？

這裡隱藏著一個重大的提示。強項就是談判對象對你感興趣的要素之一。對方想從你身上找出某個強項，然後將其運用在他們的事業上，所以才會前來談判。因此，只要是談判當事人，多半會非常瞭解談判對象的強項。假如對於談判對象而言，你不具任何吸引力的話，對方基本上連談判桌都不想上吧。因此，身為對方所期待的人物，請盡量發揮我們自己的強項吧。具體的附帶條件或選項都只能從強項產生出來，只有從強項產生的選項才會吸引談判對象。

還有，針對談判中自己的弱點或是不想讓對方看到的部分，就算不用準備，自己某種程度應該也瞭解。而且，這樣的弱點在談判現場中不太有幫助。因此，應該先掌握自己的強項，並且把所有火力集中在強項的運用上。

所謂強項是相對的概念

那麼，強項到底是什麼呢？談判中提到強項時，很容易讓人聯想到極具吸引力的商品，或是相對於其他競爭廠商具有壓倒性的優勢地位。例如，如果你能夠說明「本公司的商品是其他公司找不到的優秀產品」，那麼這的確會是你所擁有的強項。

不過，如果在談判中只是一味地找尋這種絕對優勢的強項，你將會大失所望吧。只要不是獨占企業，想要經常確保絕對優勢進行談判，基本上這是不可能發生，這樣的目標也是不符合現實的。

集合許多小強項

因此，在談判中極為有用的做法是，盡可能擁有許多對他人而言是相對程度的優勢，或是我有但對方沒有的優勢。例如，假設有家廠商生產某種商品，為了推銷商品而進行談判，於是試圖找出自己的強項。不過，其實市面上已經有多家廠商製造這個商品，自己公司的市場占有率也沒很大。既沒有壓倒性的產品特色，也沒有能夠訴諸價格以外的有利因素。

不過，假設這家廠商不是製造與其他公司完全一樣的商品的話，或許強項就隱藏在此差異當中。或者雖然產品沒有強項，但是在合約內容上，如交貨日期、品質保證等，只要比其他公司好那麼一點點，就可以視為談判的強項。

相較於競爭對手，能夠提供許多商品相關資訊，連這種幾乎是理所當然的小事，只要在談判中善加運用，也可能成為吸引對方的優勢。就算是小事也可以，請盡量蒐集許多這類的強項，這將會是你在談判中致勝的重要關鍵。

在此建議你在準備階段要先列出十個以上的強項，然後前去談判。如果認為自己已經有十個強項，或許你就會堅信「強項」這個詞彙就代表著絕對的優勢了。

所謂強項，就算是微不足道的小事也算，而且從不同角度來看，一個強項也能夠細分為好幾個不同的小強項。

舉例來說，假設公司的商品售價較高，但是在售後服務方面比其他公司更具優勢。

就算在售後服務領域中，最近被競爭對手趕上，但沒有太大的差別，也要將其列為強項之一。

另外，就算是售後服務，也能夠從電話諮詢、登門修理到保養服務等，細分為多個要素。就像這樣，不要籠統地把售後服務視為一件事，應該拆解其中的各項內容，將每個階段的服務視為不同的強項。如果擁有這樣的強項清單，接下來在談判中提出選項時就會很有幫助。

6 設定目標

何謂設定目標

掌握使命與強項後，接下來就要進行具體協議事項的個別目標設定了。到了這個階段，要開始討論價格的目標設定、交貨日期的設定，以及購買數量的目標值設定等。

假設業績是想達到五百萬日圓的目標，或是最初的銷售目標是五千個商品，這些都不是使命，而是目標。設定目標中，最重要的大概就是價格吧。以下我將舉例說明設定價格的具體做法。

決定目標價格

首先，決定對談判對象提出的理想目標價格。在這個階段中，明確決定具體的數字很重要。如果這個數字模糊不清，就會隨著與談判對象的交手而配合對方，以至於有讓步的危險。所謂目標設定，就是為了避免在談判現場中，被雙方交手過程影響而做出不必要的讓步。報出去的價格必須是一個明確的數字。

底價

接下來要決定自己能夠退讓的最低價格，也就是底價（Reservation Price）。決定底價時要注意的是底價並非談判目標。如果價格低於底價，對自己而言就不會獲利，所以底價是最後的防衛線。如果把底價視為「妥協點」，就會得到一個最不會獲得利益的共識。

選項

談判不是只有協商價格而已。透過選項（Creative Option）與價格的組合，也能夠找出談判對象讓步的可能性。因此，提出有效選項是非常重要的，這也稱為具創造性的選

17

設定目標，同時合併思考縱向與橫向的範圍

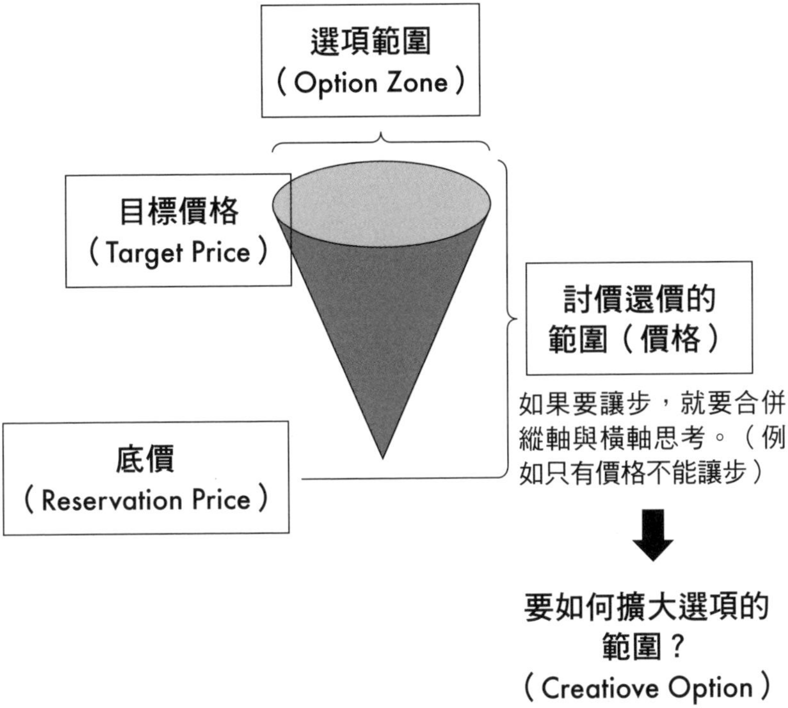

項。不過雖說是創造性，談判選項也無須想得太難。

首先，在找尋自己的強項過程中，自然就會看到能夠提供給對方的有利選項。運用強項來產生選項，這能夠提高談判的成功機率，也能夠防止不必要的讓步（針對運用強項產生選項的具體做法，將在〈第六章 達到最高共識的談判進展方法〉中詳細說明）。

另外，從對方的立場來檢視談判的觀點也非常重要。如果從對方的角度來看，就能夠思考對方是如何看待這場談判，藉此充實己方可提供的選項。例如站在對方的角度來看這場談判，瞭解對方即將迎接新店開幕，所以會比較在意商品的交貨日期。這時思考有關交貨日期的選項將會帶來較好的談判效果。

接下來，若想要盡量擴大自己的利益，組合選項與目標價格將會是有效的做法。在最初的目標價格中，如果也提供許多服務的話，當價格讓步時，也同時逐漸減少可提供的服務，這樣的提案方式是軟體界的談判中經常見到的手法。就像這樣，提供給對方的選項必須與目標設定合併思考才行。

18

可能達成的共識範圍
(ZOPA, Zone of Possible Agreement)

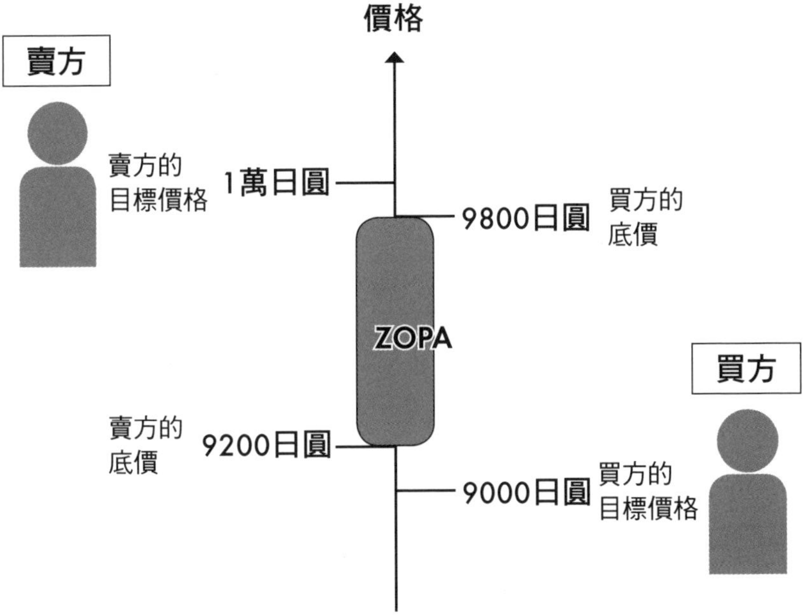

何謂ZOPA

順帶一提，假設我方的底價是七百萬日圓，對方的底價是一千萬日圓，那麼從七百萬到一千萬之間的範圍，就稱為ZOPA（Zone of Possible Agreement，共識範圍）。

ZOPA就是我方底價與對方底價的差，就算談判前已經某種程度預測到對方的底價，在實際談判中也要一邊探詢對方的真正底價，一邊找出ZOPA。

◎以範圍，而非以點來思考共識

這個ZOPA的概念是什麼呢？那就是談判時應該理解對方內心也有一個底價，也就是說，對方所提出的價格應該不是目標價格。在談判中，千萬記住一定有一個可能達成共識的範圍。對於對方的目標價格，若不想陷入二分法陷阱的話，ZOPA的思考方式就非常重要。還有，ZOPA是分析談判的說明工具之一，說明了掌握可能的共識範圍很重要。

◎ZOPA是一個思考工具

只是，必須注意的是在實際的談判中，價格等數值並不是決定性的條件，要與定性的附帶條件組合才會形成共識。這個價格以外的要素非常重要。如果要徹底進行邏輯分析，ZOPA的概念就是透過某種形式也把定性化條件轉化為數據資料，也就是在ZOPA中穿插數值再進行判斷。然而在現實的談判中不太需要這麼做。可以說，只要記得ZOPA指談判對象心中一定有個底價，這樣就夠了。

7 BATNA

何謂BATNA

我們以達成共識為目標進行談判。不過，若是談判結果不如預期，與其與對方勉強達成共識，倒不如考慮先中止這次的合作，摸索其他的可能性。在談判前的準備階段必須事先思考，萬一這次談判進行不順利，更具體的說，如果與這次的談判對象之間，看不出有機會實現自己的使命的話，就要想想是否有其他的方法。

這就是ＢＡＴＮＡ（Best Alternative to a Negotiated Agreement）。在談判學上，這是少有的專業術語之一，也可以說是No Deal Option。兩種說法的意思都一樣，意指「無法達成共識時的替代方案」。

以下針對ＢＡＴＮＡ再稍微詳細說明吧。

有最壞的準備

◎BATNA是強者才有的特權嗎？

有人會質疑ＢＡＴＮＡ這個概念是不是只有在自己的立場較強勢時才有效？的確，有替代客戶存在時的談判，對於我們而言是較有利的談判。因為如果除了現在的談判對象之外，也存在著具有相同吸引力的其他客戶的話，只要將這兩個客戶放在天平上，就能夠找出對我方最有利的條件。

不過，正因為我們無法期盼談判時會有那麼幸運的情況發生，所以大多數的人都想學會談判學這種新手法吧。對於我們而言，所謂困難的談判指不容易找到取代的合作客戶，或者就算有取代客戶，也可能必須面臨價格較高或是品質有問題等不利狀況，與現有的客戶相比情況不見得比較好。在這樣的狀況下，就算有人說「只要有ＢＡＴＮＡ就沒問題，請加強ＢＡＴＮＡ內容」，自己也不知道該怎麼辦才好。

◎不見得有其他客戶就是BATNA

在這樣的狀況下，到底該如何運用ＢＡＴＮＡ呢？一般人內心會產生這樣的疑問也是無可厚非的。但如果我說，「ＢＡＴＮＡ是談判學最大的發明」，你相信嗎？

答案是「ＹＥＳ」。就算沒有其他客戶取代現有客戶，這樣的狀況下ＢＡＴＮＡ仍是有用的概念。

◎重新檢視談判的價值

這話怎麼說呢？所謂ＢＡＴＮＡ就是一邊模擬目前合作的價值、談判破局後的狀況，一邊重新以其他觀點進行評估的工具。有時候光是以達成共識為目標，是無法充分掌握目前合作的價值，因此要透過分析談判破局時的應對策略，以及該策略的價值，重新檢視這次的談判對我們而言具有什麼價值。

當然，ＢＡＴＮＡ也是為了有利於目前合作的進行，如果可以的話，應該找出更有效的做法並加以強化。不過，最重要的是以此為前提，先冷靜思考如果目前的談判無法達成共識時，哪些程度的替代方案是可以運用的。

◎就算ＢＡＴＮＡ不具有吸引力也聊勝於無

舉例來說，如果找不到替代的廠商，將發生零件供應減半的風險。最差的替代方案就是談判破局後，只能靠僅有買得到的零件繼續生產，這是很不吸引人的替代方案。不過，如果冷靜檢視這個替代方案，就會發現幾個重點。

第一，至少知道如果談判破裂，公司所有產品的生產不會因此而完全停止。雖然這是最糟糕的情況，不過至少知道無論如何，產品的生產都還能夠繼續。就算什麼都不做，也可以達到這樣的程度。

第二，萬一談判破局，真的沒有其他可替代的廠商嗎？或是非得使用這個零件不可嗎？這時候就要開始冷靜分析這類的問題。如果與目前的談判對象無法達成共識該怎麼辦呢？這時不用感到不安，冷靜找出談判破局造成的損失。透過這樣的做法，反而會找出各種不同的應變措施。

◎如果談判破局，公司會不會倒閉？

在這個時間點，要針對ＢＡＴＮＡ思考。以前我與某家企業的相關人員見面，對方給我的忠告是，「如果這筆交易沒做成，可以想一下最差的情況是不是公司會就此倒閉」。換句話說，「假如事情沒那麼嚴重，就應該有其他的方法可想」。

一般人通常會「害怕恐怖的事情」。恐怖越是看不見，內心的不安程度就越高。不過，如果暫時先冷靜下來，看清楚破局時的狀況，就能夠看清楚事情的面貌。

就像這樣，如果公司失去與重要客戶合作的機會，應該分析具體來說會有多大的麻煩？會遭受什麼樣的打擊等，而不是含糊地喊著完蛋了、公司會受到嚴重的影響、這樣會很麻煩等等。

ＢＡＴＮＡ的功效就是提供一個具體思考的機會。如果像這樣思考，就能夠脫離狹窄視野，而不會把焦點過度放在眼前的談判上。

如何準備ＢＡＴＮＡ

那麼，讓我具體說明ＢＡＴＮＡ的準備方法吧。ＢＡＴＮＡ可以透過以下三個步驟思考。

◎第一步驟

談判破局後的狀況

第一，分析萬一這次的合作無法成立，客觀情況會如何演變。舉例來說，如果無法買到稀土，對生意會產生什麼影響？用具體的數字來分析、預測。

預測損失

正確預測雙方無法合作時，實際會發生的損失。這是為了冷靜思考因應對策所做的事前準備。同時，也可以試著思考如果這次的談判破局，談判對象會遭受多少損失。若無意外，對方也會發生談判破局的損失。或許很遺憾的，你會發現談判對象的損失比自家公司少，不過只要對方的損失不是零，就一定還有應變的方法。

◎第二步驟

其次，根據交易不成立的狀況，轉移到第二階段。在這個階段要盡量思考許多談判破裂時的替代方案。思考替代方案時，有兩種做法非常有效。

取代的客戶

首先就是找尋可替代的合作客戶。討論如果不與這次的談判對象合作，在不用過度改變現狀的情況下，是否有其他客戶能夠取代。與某公司的零件供給談判破裂時，分析能否找到類似的零件取代。或許有人會想，原來這就是ＢＡＴＮＡ呀。不過，談判破局時的替代方案雖然重要，也只不過是一個做法而已。

改變商業模式的可能性

再來就是檢討改變商業模式。思考是否可能改變目前的商業模式。例如檢討公司是否能夠研發不使用稀土的產品，或是從外面購買的零件改由公司自己生產等，找尋其他的替代方案。

針對商業模式的改變，我想討論中一定會出現「這不是我的權限」、「那是紙上談兵」等意見。不過，再怎麼說這都只是計畫之一，也就是談判破局時從頭來過的因應對策。先把你是否有那樣的權限等扼殺討論空間的不安擱置一旁，試著討論看看是否有那樣的可能性吧。

找出這樣的替代方案，再從整體的角度擬定最後的ＢＡＴＮＡ。

請他人代為思考

順帶一提，討論替代方案不一定要自己進行，委託公司內部的其他同事也可以。特別是找與這次談判較無利害關係的人來討論更有幫助。因為談判的當事人無論如何都會被眼前客戶的吸引力所束縛，所以對於擬定替代方案會容易變得消極。

如果請與目前談判沒有直接關係的人來擬訂替代方案，會發現令人意外的有趣結果。舉例來說，英特爾公司曾經面臨是否要放棄製造記憶體的重大決定。當時的執行長為了是否要繼續生產記憶體，或是在目前的階段放棄熱門事業的風險之間傷透腦筋。不過，當他思考「假如我辭掉執行長的職位，新任執行長最先做的事會是什麼呢？」，結論是新任執行長應該會停止這項事業，若是這樣的話，那就由自己來做這個決定吧。（此例引用Chip Heath、Dan Heath《零偏見決斷法》〔*Decisive: How to Make Better Choices in Life and Work*〕）。像這樣從零開始重新檢視目前的交易是非常重要的步驟。思考BATNA做為選項，也能夠獲得全新的觀點。

◎第三步驟

選擇BATNA

接下來是第三步驟，終於來到決定BATNA的階段了。從已經討論過的談判破局時的替代方案中，選出最佳方案，或是組合數個選項擬定一個新的BATNA。

短期利益？長期利益？

在這裡要注意一件事，那就是我們很容易選擇在這個時間點損失最少的替代方案。不過也千萬不可忽視目前看來雖然損失相對較大，但是長期來說較容易獲利，或是以長期來看，大幅改變商業模式會比較好等觀點。

舉例來說，雖然短期內成本某種程度增加，不過看起來購買某項原料持續製造現有產品的損失最少。然而以長期來看，如果在這個階段討論研發使用其他原料的產品，則未來將會獲得更多利益。

在ＢＡＴＮＡ中，避免短期損失的考量雖然重要，不過更重要的是，不要忽視更具有價值的替代方案。

以上就是談判的事前準備的第一步。進行事前準備就是為了避免談判時被情緒影響，或是盡量避免做出不適當的決定而造成的危險。透過事先做好萬全的準備，在談判中就能夠集中注意力，把重心放在重要的協議事項上。若想盡量有效率地運用人類有限的注意力，一定要做好事前準備才行。

第 5 章

管理談判

1 談判的基本構造

一般人很容易以為談判是變動的，所以沒有要領。不過，如果掌握幾個重點進行談判，就能夠有效管理整個談判流程。本章將從管理談判的角度整理幾個談判的基本概念。

首先，在談判中會有負責談判的自己與談判對象。這兩人的存在當然屬於各自的組織或利害關係人。甚至於，我們的談判也不是跟社會毫無關係，會受到社會局勢或經濟環境極大的影響。

協議事項的重要性

只是，談判內容是從我們與談判對象之間一來一往的言談中產生出來的。談判的基本結構是由協議事項、從協議事項中互換的彼此主張，以及最後達成共識的方案所組

19

以協議事項（Agenda）為中心進行談判

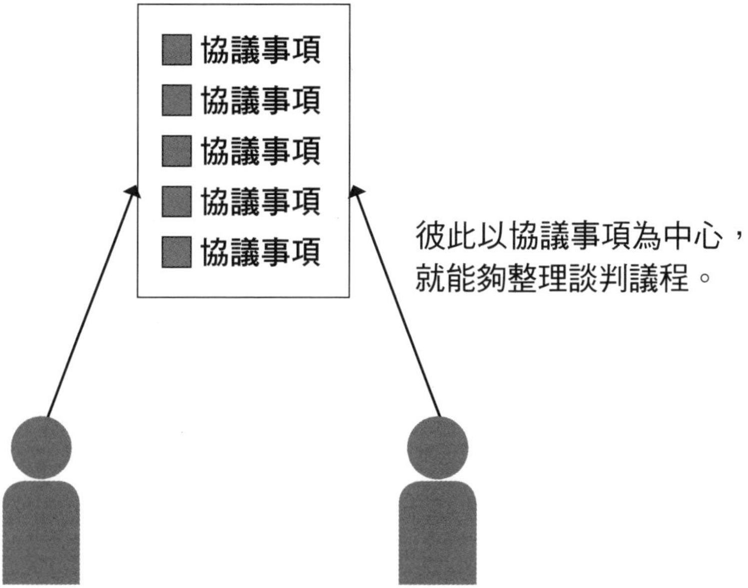

成。談判過程中來回交換了各種話題。不過，談判並非閒聊，而是以實現某種利益為目標，調整雙方利害關係的過程。在這過程中，要以雙方想達成共識的協議事項為主，整理雙方的爭議內容。

因此，談判中以協議事項為核心管理談判過程，這是最有效的管理方式。

聚焦於利益上

談判時，協議事項一定要把焦點集中在談判對象的利益上。只要對方感受不到任何利益，選擇此共識就沒有好處。因此在談判中，對談判對象提供某種利益的做法是很受到重視的。

然而，有時候談判對象並不會這麼想，很多人只會一味地逼迫對方讓步，不會給談判對象任何好處。

不以高壓攻勢對抗高壓攻勢

如果因為對方這麼做，我方也跟著採取那種方式的話，就只是以高壓攻勢回擊高壓攻勢而已。重要的是，面對高壓攻勢時，不能讓步，而應該保持一貫的態度，讓對方明白「若是那樣的做法，你不會得到任何結果喔」。

以利益為主的談判並不是只有自己提供好處，並等待對方讓步而已。除非選擇側重利益進行談判，否則我方既不須提供利益，也不能一味地要求對方讓步。

而會阻礙這樣冷靜談判的，便是自己會被對方巧妙的戰術誘騙的心理狀態。若想要善加應對，就必須深入瞭解對方的戰術。而正因為是以明智的共識為目標，更應該瞭解談判戰術才是。

2 協議事項的管理

何謂協議事項

◎找出關鍵性的協議事項

談判學重視協議事項的整理。適當管理協議事項才是談判管理的第一步。協議事項牽涉的範圍很廣，合併・收購等最大型的談判中，存在著接近數百或數千件的協議事項。就算是一般的商業談判，協議事項也有數十項，甚至數百項也不足為奇。只是，協議事項可以分為必須花時間與談判對象進行協調的協議事項（關鍵性〔重要〕的協議事項），以及比較屬於事務性談判中看情況決定的協議事項。

◎關鍵性的協議事項很少

一般認為關鍵性的協議事項占所有協議事項的十～二十%左右。其中最重要的爭議點通常只有十個以下，如果是特別重要的事項，可以鎖定二至三項。在談判學中，很重視雙方把絕大部分資源集中在必須透過談判討論的最重要協議事項上。因此協議事項是必須管理的。

選出協議事項

進行大型併購案的談判或是複雜事業的合作時，投資銀行以及律師事務所都會提供適當的建議。大部分的情況也都會準備、提供較為定型化的協議事項。不過，在這項合作、交易上，最關鍵性的協議事項則需要由雙方當事人自己準備。

◎挑選出協議事項

第一階段就是挑選出協議事項。在事前準備時，透過目標設定選出協議事項。當然，在談判中也會產生新的協議事項，所以不是所有的協議事項都能夠靠事前準備決定。

◎試著寫下協議事項

選擇協議事項時，在最初的階段無須擔心是否重複，應該著眼於盡量找出越多的協議事項越好。建議拿一張紙把所有可能成為協議事項的事情寫下來。當然，用電腦打字也是可以的。在這個階段中，不用思考協議事項的內容，例如應該訂多少價格等，只要思考協議事項即可。

◎無遺漏這點很重要

先把協議事項列舉出來之後，整理是否有重複事項，並將類似的事項歸為同一個類別，這種整理方法稱為ＭＥＣＥ（Mutually Exclusive & Collectively Exhaustive：無遺漏、無重複）。

在談判學中，無遺漏是非常重要的。舉例來說，擬定業務策略時，針對各區域的業績差異，並為了改善此差異而舉行公司會議。假設實際的討論焦點是針對不同的顧客屬性，設定不同業績目標很重要，但是，如果因資料不足而無法充分檢討，就會演變成嚴重問題。共識中遺漏這點是不可原諒的。

協議事項多少有些重複，這是能夠調整的，但是如果遺漏的話，就有可能導致致命的風險，一定要有這樣的認知才行。

◎哪些協議事項與自己有直接的利害關係？

若想把焦點集中在關鍵的協議事項進行談判，首先就必須清楚確認對自己而言，具關鍵性的協議事項是那些？在這裡必須小心，有些乍看是事務性的協議事項，但是在談判的性質上，卻變成非常重要且具關鍵性的協議事項，反之亦然。判斷何者是關鍵，始終要以自己的角度進行分析。

舉例來說，如果是與競爭對手合作成立公司的談判，一般人通常都會認為，雙方出了多少錢的出資比率是最關鍵的協議事項，但在自己的談判中未必如此，必須思考這個出資比率對自己而言的意義何在。

◎與協議事項有關的談判（議程談判）

透過討論，決定協議事項與其順序的談判過程，我們稱為「議程談判」（與協議事項有關的談判）。

這個與協議事項相關的談判極為重要。雙方互相討論想選出哪件事情作為協議事項，在這個階段中，已經可以大致預期談判的走向。因為雙方不只是提出協議事項而已，也會從提案方式或是應該協議的事情之內容用語等等，看到彼此的盤算。

在外交談判中，協議事項的內容用語，或是表現方式本身都可能成為影響國家利益的重要問題。舉例來說，「以達成共識為目標」與「達成協議」的表現方式，在國際談判中就是相當重要的差異。曾經在ＷＴＯ（世界貿易組織）中，二〇〇〇年之後進行多哈發展議程（Doha Development Agenda；DDA）這個綜合性談判時，針對投資、貿易與競爭政策、勞工問題、貿易的順利以及政府採購透明等協議事項（Singapore Issues；新加坡議題）應不應該列入ＷＴＯ議題，已開發國家與開發中國家就因為看法互異而產生嚴重的對立，甚至導致談判破局。像這樣控制協議事項，往往在掌控談判主導權時是必要的。因此，以這個協議事項為中心整理談判，就變得極為重要了。

協議事項是最初的提案

◎積極提案

在這個議程談判中，自己必須積極提出協議事項並確保主導權。另外，如果談判對象也提出協議事項，必須要求對方詳細說明。還有，就算談判對象提出的協議事項大致合理，沒太大的異議，也必須讓對方瞭解協議事項的決定與你有關，當中的一字一句都不能大意。只要有任何自己無法理解的部分，就必須要求修正甚至撤回。

◎確保主導權

在談判中，必須確保自己擁有協議事項的主導權。如果在討論階段就把主導權交給談判對方，事實上就等於把整個談判的主導權拱手讓人，因為你已經失去管理談判最有力的武器了。

從容易達成共識的部分開始討論

◎協議順序的重要性

談判會因「協議事項以何種順序討論」而導致共識內容產生極大的差異。就算是同樣的一句話，因說話順序的不同，給對方的印象也大不相同。

在談判中，有所謂的文脈效果，由於說話順序的前後不同，對於其內容的接收方式也會有相當大的改變。

如果在談判的初期階段開始討論雙方立場激烈衝突的論點，則該論點將會難以持續討論。由於是在談判的初期階段，所以是在雙方互不瞭解的狀態下討論。在這種情況下，無論是心理上的對立或反感都會逐漸嚴重。

就算接下來的協議事項對於雙方而言能夠逐漸靠攏，最初的印象也會造成不良影響。因此，本來可能達成具建設性的共識，也經常因為一開始激烈的唇槍舌戰而影響後來的結果。（參考William L. Ury《*Getting Past No: Negotiating With Difficult People*》一書）

◎容易討論的部分是哪部分

因此，若想在談判中避免這樣的風險，基本原則就是先從容易討論的部分開始談起。雖然有些事項對雙方而言都是屬於優先順位高的事項，不過因為太複雜了，開始談判時最好盡量避免討論。

從雙方比較容易達成共識而且容易交換意見的事項，也就是比較容易共享或交換資訊的協議事項開始談起，透過這樣的方式提高達成共識的可能性非常重要。

20

從容易達成共識的部分開始進行談判

從容易達成共識的部分開始

如果從難以達成共識的部分開始談起的話……

1.容易產生爭論的對立

2.提高陷入僵局的可能性

↓

在談判中，促進雙方溝通非常重要

- 重要的是從容易達成共識的部分開始談判，並且加深彼此間的瞭解。
- 針對容易達成共識的協議事項進行談判，首先就要「共享問題」。

參考William L. Ury《*Getting Past No: Negotiating With Difficult People*》。

◎協議事項就是目次

關於協議事項的談判就像是為談判編目次，一本書如果沒有目次就不容易閱讀。談判也是一樣，重要的是，雙方對於目前的討論事項應該都要非常瞭解，這樣才能開啟對話。

◎對於離題的應對方法

談判中離題的情況也是經常可見。討論某件協議事項時，腦中會浮現各種想法，然後逐漸偏離原討論內容。不過，無須過度在意協議事項的離題情況。在談判中，多少會在離題內容與主題內容之間來來回回，不必過度神經質。不過，如果離題的情況會對整體談判產生負面影響，就必須做出適當的處置。

◎讓對方意識到協議事項

具體來說，當你判斷從協議事項離題會對談判造成不良影響時，就必須提醒對方：「您現在的提案非常有趣，只是這個提案與現在討論的協議事項觀點稍有不同，所以還是稍後再針對這點討論吧。」像這樣把談判拉回原來的軌道。

談判時必須馬上把協議事項的離題狀態導回正軌。也就是說，在談判的一開始就要讓對方瞭解，整個談判都是以協議事項為中心進行的。若不事先說明，對方可能會誤以為你故意阻撓他說的話。但如果能夠表現出堅持協議事項、管理談判流程的態度，對方就不會產生那樣的誤解了。

只要採用上述的說法，談判對象對於說話遭受阻撓不僅不會心生不滿，反而明白自己想說的話會確實列為協議事項獲得討論，也就能夠安心地回到原來討論的事項。以協議事項為中心的談判管理，要盡量避免「見樹不見林」的情況發生。

3 把焦點放在利益上

以利益打動對方

談判過程中，互相理解與培養信賴感非常重要。談判學中，所謂的信賴關係意味著彼此會互相遵守承諾。因此，個人對於對方的好感，或是對於談判對象產生朋友之情等要素都要除去。

在談判中，只把焦點放在彼此是否遵守承諾，除此之外的各種要素都要以極超然的角度看待。若沒有先培養這個信賴關係，就不可能達成明智的共識。

那麼，想要培養雙方的信賴關係，該怎麼做才好呢？其實這必須從找出雙方的共同利益著手，而不是從雙方的不同立場著眼。

21

一致的利害關係

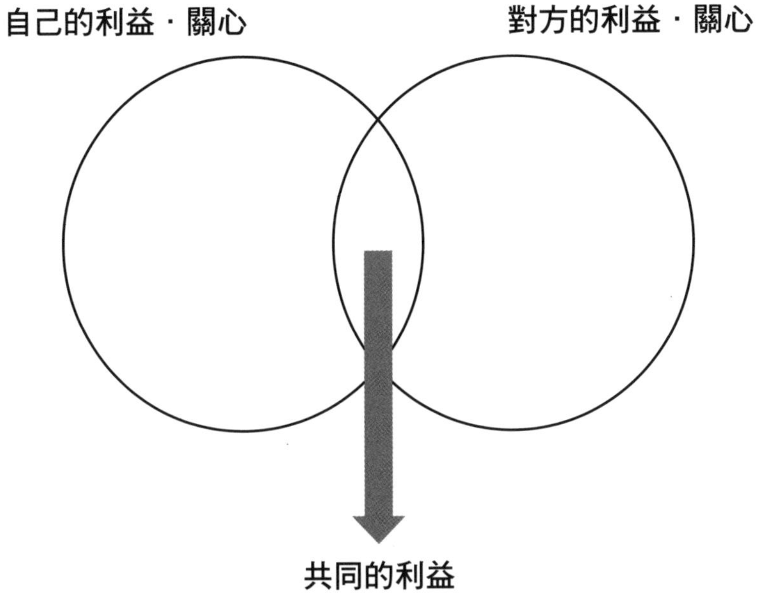

找到一致的利害關係，並且深入追究。

一致的利害關係

若想要相互瞭解，彼此間就必須達到某種一致性。在談判中，由於彼此的立場不同，所以也不可能消除雙方針對各種論點時立場的差異。

因此，雙方必須把焦點放在取得一致的利害關係，而不是消弭立場的差異。若想要從立場轉換為利害關係，最重要的就是把焦點放在相關者的根本利益。

以建設水力發電廠的水壩建設工程為例好了（參考James K. Sebenius《*The Wisdoms of Triple A Negotiation*》第三章「導致談判失敗的六個壞習慣」）。建設水壩可以說一定會產生贊成與反對等兩派的對立。以電力公司為主的推動（贊成）派與反對派之間的對立就是二分法。贊成或反對建設水壩的爭論永遠沒完沒了。讓對立更加惡化的高壓攻勢也在這樣的狀態下恣意妄為。

「從法律的觀點來看，這個建設計畫完全沒有問題，隨時可以開始動工。」對於贊成派的這種說法，反對派也氣勢強硬地宣稱，「無論你們使出什麼手段，我們都會阻止。」照這樣下去，永遠產生不了具建設性的結論，最後甚至會發生訴諸仲裁的危險。

如果把焦點放在雙方的根本利益上，又會如何發展呢？例如阻止建設水壩的反對派

22

從立場到利害關係

把焦點放在利害關係上，而非贊成・反對的立場上。

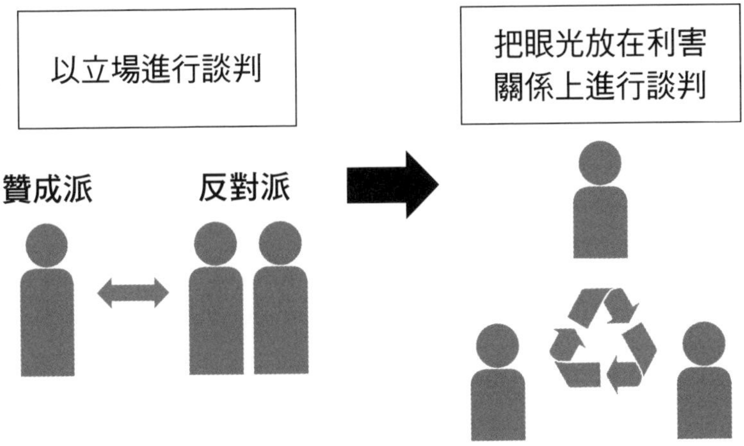

中，位居河川下游的農家可能以為：「我聽說水壩建好之後，河川的水會變少，農田就沒有足夠的水灌溉，這樣會讓我很困擾。」另外，環境保護團體也會以「水壩下游的水鳥棲息地將會受影響」的理由反對。

一旦把「反對派」視為一體，就無法看出利益的本質。不過，如果把焦點放在超越個人立場的利益上，電力公司就能夠針對利益的本質進行談判或說服。

4 談判戰術的因應對策

在談判桌上，最重要的就是不被對方的心理戰術蒙騙。因此，瞭解心理戰術的基本結構就很重要了。所謂心理戰術，簡單說就是誘導談判對象偏離理性思考，使其陷入未經深思的結論之技巧。

談判中，一定要小心對方會說出致使你輕易讓步的一句話，那句話就是「未來的合作」。以下我將針對這句話詳細說明。

不要被「未來的合作」這句話所迷惑

舉例來說，「如果這次合作您能夠退讓，未來我們就有可能繼續合作」、「雖然這次讓貴公司損失一點，不過未來一定會補償你們，這次就請務必讓步吧」。利用未來不確定的合作為誘餌，脅迫別人在這次合作讓步，這種說法能夠輕易誘使對方上鉤。

談判中很容易被共識的偏誤影響。光是聽到對方隨便說一下未來合作的可能性，自己就輕易地讓步。只是，光以口頭約定、承諾未來合作的可能性，能否實現都還是個未知數，不如先認定大部分未來的合作都不會實現比較實際。

絕對不能聽到「未來的合作」這句話就做出反射性的讓步。我們總是會不知不覺被模糊的承諾引誘而輕易讓步，而且還期待談判對象會給你善意的回應。這樣的想法是非常危險的。

在談判中，經常得判斷對方是否能夠信任。針對未來的合作，不說明其風險，只是高聲強調其可能性的人，首先就不應該信任。只要沒有從談判對象手上拿到足以信任的承諾保證，就不應該輕易相信對方。

◎白臉．黑臉戰術——日本人要注意這點

在此，讓我簡單介紹幾個代表性的談判戰術吧。

首先，最知名的戰術大概就是「白臉．黑臉」（Good Cop Bad Cop）了。這是由兩名談判者分別扮演充滿惡意的人物，以及對談判對象釋出善意的人物。黑臉威脅對方，以帶有憤怒的情緒設法使對方產生動搖。另一方面，白臉則對對方表示同情，偶爾表現出

23

白臉・黑臉（Good Cop Bad Cop）

那樣的提案不可能被接受，完全不用談了啦，聽了真不舒服！
好了好了，別那麼說，事情也沒那麼糟啦！價格方面或許高了點，關於這點是不是有辦法調整呢？
Bad Cop
Good Cop

事前就商量好了。
總之，就是「演戲」。兩人的目標都是「砍價格」。

支持對方的態度以促使對方讓步。

順帶一提，英語的Cop指警察。這是警察在偵訊室讓嫌犯說出口供的知名戰術，故英語以「Good Cop Bad Cop」命名之。就算是一個人也能夠運用這個戰術。例如，「我自己是接受這個條件啦，但是主管怎麼說就是不肯同意」，或是「我非常瞭解您說的理由，但是由於沒有前例可循，所以很難接受呀」，就像這樣，利用不在場的主管、制度或組織，擔任黑臉的角色說服對方。

據說日本人對於這個戰術毫無抵抗能力。這是因為日本人面對憤怒的對方時，很容易認為錯在自己，然後會誤以為扮演白臉的那個人是自己的「朋友」。那麼，身為談判者該如何面對這種戰術呢？

首先，自己要警覺對方是否正使用白臉．黑臉戰術。如果懷疑是的話，與其在意對方的表面態度，更重要的是確實看出對方「提出什麼要求」，特別要注意扮演白臉者的提案。扮白臉的人本來就不是你的朋友，這個戰術的最大重點，就是讓你覺得白臉的提案是善意的提案，所以千萬不可以大意。

◎以退為進戰術

假設現在正進行價格的談判，談判對象一開始提出一個我方無法接受的高價。我方聽到這樣的價格當然會拒絕，不過內心也確實產生動搖。然後，對方馬上退讓，提出一個讓步的方案。

如果使用這個戰術，有很高的機率使對方接受這個讓步的提案，這就是所謂「以退為進戰術」（Door In The Face Technique）。

例如以下的例子。

律師：「我的委託人針對這次的損害，提出一億日圓的賠償金額。逼不得已的話，也打算訴諸法律。」

企業A：「什麼！一億日圓？公司產品的瑕疵帶給他們麻煩，這確實是實情，不過一億日圓不會太高嗎？」

律師：「關於這點，我們也非常瞭解貴公司的狀況。如果貴公司有誠意解決，我們也想以和解的方式處理，沒必要告到法院去。如果金額降到七千萬日圓如何？我的委託人其實是相當憤怒的，但是他們也想早點解決這件事。如果您現在同意這個金額，我想我也能夠說服我的委託人。」

企業A：「那也沒辦法了。好吧，就以這個金額和解吧。」

這個戰術其實是濫用人類的「互惠法則」心理。所謂「互惠法則」指如果對方讓步，潛意識也覺得自己必須讓步（參考Robert Cialdini《*Influence: Science and Practice*》一書）。應對這個戰術的方法就是，當對方提出意想不到的提案時，要先對此戰術起疑，並且關注後面提出的讓步提案。聽到讓步提案時，只要內心浮現「如果我拒絕，對對方很不好意思」的想法，那就是落入對方的圈套了。

◎得寸進尺戰術

接著請看以下例子。

業者：「您好。我現在在附近進行工程，所以來向您打個招呼。」

屋主B：「你好。」

業者：「希望我們的工程不會影響到你們，也請多多包涵。其實我們現在進行的是耐震補強工程，因為地震實在是太可怕了。」

屋主B：「是啊，你說得沒錯。」

業者：「說到這裡，我注意到您府上外牆的問題，剛好我帶了檢查工具在身上，您要不要做個免費檢查呢？」

屋主B：「這樣啊，如果只是檢查的話，是可以啦……」

業者：「這個裂痕看起來沒有大礙，不過旁邊窗框下的裂縫要小心。這個裂縫可能要趁早補強比較好喔。這是很簡單的工程，費用也很便宜……」

一開始向對方提出一個小小的要求，等對方接受後，再慢慢提高要求的程度，這就是「得寸進尺戰術」（Foot In The Door Technique）。

例如一開始提供免費服務，然後逐漸推薦低價商品，最後再讓對方購買高價商品的催眠行銷就是典型手法。這個戰術利用的是人類內心的「一致性原則」（參考Robert Cialdini《*Influence: Science and Practice*》一書）。也就是說，這種技巧濫用了人類內心想維持最初的判斷、想做出首尾一致的判斷之心理傾向。

應對方式

對於得寸進尺戰術，應對方式就是當談判快速進行，好像對話快要結束時，自己稍微停下來冷靜地檢視共識內容，也就是「注意有利可圖的內容」。在談判中，必須一項一項檢討對方的提案，分析若接受該提案，自己會有什麼好處及壞處。如果對方一直說些讓你輕易說ＹＥＳ的話題，你的警戒心就會降低，而且檢視能力也會降低，自然無法發現對方的要求逐漸對你不利。

◎最後通牒戰術

今天是最後期限！

「如果這次無法以這個條件達成共識，我們的談判就此結束」、「請在今天中午以前回覆」，像這樣決定一個期限逼迫對方達成共識的做法，稱為「最後通牒戰術」。由於這個戰術是設定截止時間，緊追著對方做出決定，所以也稱為「時間壓力戰術」（Time Pressure）。

這個戰術的特色是，清楚表明談判破局的可能性，以及自己提出的條件是最後條件，迫使對方在讓步與破局二者之間做出選擇。一般而言，談判者都會盡量避免破局的情況產生，因此對於這個最後通牒就會選擇讓步。

不想錯過達成共識的時機

如果認為今天一定要回覆，或是此時此刻必須做出決定的話，就會擔心錯失機會而心生焦慮。結果不僅沒有冷靜判斷，還設法找出達成共識的好處，拼命想達成共識。這種最後通牒戰術的使用非常頻繁。

「只限今日」、「還有三十分鐘，電話申請就要截止」等電視廣告的做法，就是利用最後通牒戰術所帶來的效果。一般人只要一想到不現場做決定就會錯失良機時，就算是沒那麼有價值的東西，也會誤以為是珍寶。

使用最後通牒戰術要謹慎

那麼，在商業談判中，最後通牒戰術有效嗎？假設你對談判對象提出「今天不做出決定的話，就沒辦法簽約」，但其實你內心只是想逼對方讓步，並不是真的打算在今天就停止談判。

被最後通牒戰術反將一軍

這種時候最傷腦筋的，就是對方回你一句「那麼，談判就此結束吧！」，如果你在這時候說出「哎呀，等一下，您不再考慮一下嗎？」，這樣就暴露了你的最後通牒戰術，就只是一個虛張聲勢的伎倆而已。

另外，假設你對談判對象採取高壓攻勢並且祭出最後通牒，結果對方說：「那麼，我今天會給您答覆，但是取而代之的是能不能請您再降十％？如果您無法接受我方的要求，那麼我方也想結束這場談判。」結果反而被對方下最後通牒。

就像這樣，雖然本來的目的是想達成共識，但是一旦輕易使用最後通牒戰術，有時候反而會使自己陷於不利的情況。

應對方式

還有，當對方下最後通牒時，我們應該怎麼做才好呢？

一種做法是，不把最後通牒視為最後通牒，也就是不真正接受最後通牒的選項。（參考Max Bazerman、Deepak Malhotra《*Negotiation Genius*》）。就算被下最後通牒，也要像無事般地與對方繼續談判。通常談判對象發出最後通牒都不是認真的，所以這個方法也相當有效。萬一你真的接受了，談判對象就會下不了台。就算聽到對方祭出最後通牒也不用過度在意，如果你能夠不受影響地採取繼續談判的態度，事實上這個戰術就失效了。

再度確認使命

其次，如果對方的最後通牒是認真的，那就請再次確認你的使命吧。由於共識的偏誤，一定要避免未充分檢討對方提出的條件就立即回答的危險。還有，如果無論如何就是無法做出判斷的話，就把焦點放在這個共識的風險上吧。一旦被下最後通牒，我們就會想設法達成共識，於是會把目光放在此共識的好處上。因此，要把焦點轉移到風險上。像這樣自始至終都以使命為中心，努力維持談判的做法是非常重要的。

◎強求戰術

請看以下的例子。

C：「這次與您簽訂合約，實在很感謝。」

D：「是啊，本公司一定會努力銷售貴公司的產品。對了，裝產品的化妝箱，是珍珠白沒錯吧。」

C：「嗯，我想想。（咦，是那個價格比較高的化妝箱嗎？）」

D：「那個箱子真的很漂亮呢。另外，有一件事想拜託您，雖然不是什麼大事，不過能否把部分產品送到我們銀座的總店呢？」

C：「喔，好的，我會設法。（真傷腦筋啊，我還要跟運送部門連絡。）」

D：「真不愧是C，辦事能力好，又幫了我一個大忙，還有啊……」

C：「（還有嗎？哎喲，真傷腦筋耶……）」

這就是「強求戰術」。這個戰術就是抓緊達成共識前或後的時機，向對方提出追加條件，迫使對方吞下這條件的戰術。即將達成共識或是剛達成共識的狀態，可以說是緊張感消失最危險的時刻。對於這種「小小的請求」，我們通常都不會有防備。

以上述的例子來說，C理所當然地接受化妝箱無預期改變的條件，更進一步地，本來應該把所有貨物集中送到某一處的計畫，被更改為運送部分貨物到對方位於銀座的總店。如果冷靜思考，這些都有可能發生「追加費用」，豈是簡單說一句OK就能打發。

所謂「強求戰術」就是利用「已經某種程度達成共識」的安心感，以及想盡量維持達成共識的狀態的心理。這個戰術的特色就是出其不意突襲對方。聽起來好像是順便說的一樣，突然聽到沒有預期的條件，一不小心就落入圈套了。

千萬不可大意

甚至，為了讓談判對象卸下心防，會稱讚對方、吹捧對方。例如「您真的是萬事通呢！」、「能夠跟您這種辦事周全的人談判，真是獲益匪淺」，特別是稱讚對方的談判手腕，談判對象就很容易落入強求戰術的圈套。另外，使用這個戰術時，要若無其事地強調這個請託的條件是「微不足道的條件」。

應對方式

反擊這個戰術的方式就是再問一次對方所追加的條件。光是不立刻回覆，就可以讓這個戰術的效果減半。甚至，在達成共識的前一刻，主動確認共識內容，這就是間接告知對方，除此之外的任何請求都需要重新進行談判。

戰術就是守衛

◎利用戰術保護自己

不只是與高壓攻勢談判者的談判，在國際談判或是與有敵對關係當事者談判時，談判戰術會頻繁出現。談判比我們想像的還容易受到情感或情緒影響，所以一旦對方運用戰術，我們很容易就會落入圈套。因此，熟悉戰術是極為重要的。另外，被施以戰術的人經常不會察覺。有許多人便會認為，若是這樣，是不是更應該多多運用這些戰術比較好。

◎使用戰術時要謹慎

我不否認戰術的效果，不過請務必注意一點，會發生顯著效果的大多數案例，都是在店裡的服務或銷售以及行銷的案例。店內銷售這種短時間之內達成共識的談判，使用戰術就非常有效。

例如想買衣服而到店裡逛的消費者，就不會想到自己的使命或底價，雖然可能有預算上的考量，不過買衣服的底價也是具有相當程度的變動性，所以本來就比較容易落入對方所使用的戰術。關於這樣的狀況也請多加留意。

花時間討論條件的談判場合中，比起這類戰術帶來的效果，也會看到帶來的壞處。例如，本來應該是雙方共享資訊，找出具有建設性的共識，但因為談判戰術你來我往，最後達成的可能是最低底線的共識，而非明智的共識。另外，在商業談判中，這些談判戰術非常有名，如果談判對象也熟知這些戰術，對方極可能會察覺你正運用某種戰術。

◎最重要的是不要上當

因此在商業談判中，談判戰術就是守衛。也就是說，面對這些戰術，最重要的就是不要上鉤。如果我方知道不要被戰術影響，談判對象使用戰術也就沒有什麼意義了。像這樣以讓對方不使用戰術的談判為目標才是正確的。

只是，談判戰術也能夠用來作為深化彼此共識的手段。「得寸進尺戰術」就是累積小小的共識來培養雙方的信賴關係，如果是這種形式的戰術，就是值得期待的。另外，當雙方意見沒有交集時，也可以運用「最後通牒戰術」，告知對方「再這樣下去，我們將很難達成共識。要不要各自重新整理一下提案呢？」讓對方知道談判破局的風險。

即便如此，你還是可以強調想透過繼續對話的正面形式在談判中獲得合理的好處。

若是這麼做，或許能夠帶來良好的影響，達成具有建設性的共識。雖然我不認為所有的談判戰術都不能使用，不過如果要使用，就必須考慮這個戰術是否會提高談判的成功率，以及是否對於達成明智的共識有所貢獻，並且在大型戰略中決定使用戰術的時機。

要小心故事

◎故事是強而有力的說服技巧

無論是多麼複雜的話題，據說只要編成故事就很容易被記住。這是因為一般人對於任何事物都急欲找出原因與結果，找出因果關係才容易說明。如果看到原因與結果的演變，不僅很容易記住，也很容易相信這段故事。

◎連天花亂墜的話也信

說故事在談判桌上是非常有效的做法。例如進行事業合作談判時，「如果我們合作，就能夠開發這麼厲害的新藥」，像這樣讓對方看到夢想，不僅對方會很容易把這話記在腦中，也會對這個夢想抱持好感。

當然，因為是故事，所以多少有些誇大，有時候也會混雜一些謊言。不過最重要的是，人們會被這樣的大話影響。談判對象開始編故事說明的時候，我們很容易在這個時間點相信對方所說的話。

◎訴諸對方的情感

故事的可怕之處在於它會直接影響人的情感。透過故事，一般人不會使用邏輯思考，而是容易把焦點集中在情緒的好惡上，然後決定是否對未來抱持希望。對於談判對象所說的故事要特別注意，這也是不受情感控制，與情感和平相處的重點。

5 管理承諾

拿破崙的智慧

拿破崙曾經諷刺地說過：「遵守承諾最好的方法，就是絕對不要許下承諾。」（參考Octave Aubry《*Napoléon*》一書）確實，遵守承諾並不容易。在談判中必須暫時停下來冷靜思考，試問自己是否真的能夠遵守這個承諾？這就是管理承諾。

輕易承諾

在談判中遵守承諾，是調整與對方的信賴關係最有效的方法。但由於想要達成共識的欲望太過強烈，以至於在還不知道自己能否承諾的時間點，就輕易地做出承諾。

特別是有能力的人必須留意這點。「我在這裡做出的承諾一定能夠遵守。因為我可以在公司內部搞定一切。」有能力的人常有這種想法。於是為了遵守與談判對象的約定，而必須在公司四處張羅打點。

管理承諾

無論是多麼小的約定，也都要謹慎地做出承諾。也就是說，就算是小小的承諾，只要你無法遵守，就會導致他人失去對你的信賴。談判對象對你的小小期待落空，逐漸地就會對你產生強烈的不信任感。因此，請你善加運用管理承諾的三個方法，矯正輕易承諾的壞習慣吧。

◎承諾必須保留彈性空間

在商業談判中，由於情勢變化，有時候遵守承諾會對自己造成極大的損失。如果事先就考慮到這樣的情況，承諾時就要保留一定的彈性空間。萬一情勢真的產生變化，就能夠讓對方理解這是因為狀況改變，導致原有的談判內容也需要改變，而不是你無法嚴格遵守承諾。

舉例來說，關於合約的某部分條件，針對原材料價格高漲的情況，事前就向談判對象說明有可能更改目前的共識內容，並且獲得對方理解而得到暫時的共識。日後隨著情況的變化，就能夠提出合約條件的變更。像這樣事先說明清楚，讓對方知道這對雙方都有好處，談判效果會更好。

◎承諾過程而非內容

依著談判內容的不同，雖然現階段無法完全給予承諾，不過隨著時間過去，也會變得能夠做出承諾。

例如等到打官司的判決出來後，就能夠與合作對象簽訂新合約。像這種情況，與其告知對方「等判決出來後再來簽約」，倒不如提議「雖然要等到判決出爐後才簽訂新合約，不過在此之前，可以從現在開始每個月開一次會，先討論能夠討論的內容吧。」以這樣的形式，針對如何達成共識的過程而非內容做出承諾，這也是有效的做法。

◎不要帶回任何請示事項

雖說確實感受到承諾的重要性，不過完全迴避在現場做決定，把問題帶回公司討論後再決定，也就是回公司請示主管的做法也會出問題。特別是日本人經常沒有任何明確理由，就提出想把協議事項帶回公司請示的提案。若從歐美人的角度來看，這種談判方式真令人感到不悅。

通常在跨國談判中，談判者都會被授予一定的權限。在這個權限範圍內，談判者能夠自己做主。不過，日本的談判者通常沒有特別的理由，就想把協議事項帶回公司請示，對方就會產生疑問：「既然被授予權限，為什麼現在無法決定？」這樣就會遭到對方批判，不知道這到底是單純傳遞資訊的談判，還是擁有權限的協商談判？

那麼，如果自己擁有一定權限，是不是就不要把所有的協議事項帶回公司請示，非得在談判現場決定不可？也不全然如此。其實外國人也一樣，為了在公司內部討論協議事項，有時也會提出暫時保留決定權。只是，與日本人最大的差異在於，外國人會說出明確的理由，再提出帶回公司請示的主張。

也就是說，把協議事項帶回公司請示本身沒有問題，問題在於有沒有提出明確的理由。例如，「您現在提出的提案，我們是首次聽到。對於是否能夠接受這項提案，我們希望能夠先在公司內部討論後再給予答覆，因為這項提案還包含了新的商業型態，這會影響目前談判的整體交易。讓我們回公司重新討論，以便提出更具有建設性的提案。」

像這樣，如果說明必須回公司請示的理由，對方也會同意吧。不清楚說明理由，只是簡單回答「關於這個協議事項，待本公司調整之後再回覆」，這種做法不適用於跨國談判，必須特別注意。

第6章

達到最高共識的談判進展方法

1 創造三方好（明智的共識）

明智的共識

談判中，共識的評斷標準就是這項共識是否明智。所謂明智的共識就是「盡可能滿足當事人雙方的正當期望，公平調整對立的利害關係，就算經過一段時間，此結果仍不失其效力，同時解決方式也考慮到整體社會的利益。」（參考Roger Fisher等著《哈佛這樣教談判力》〔*Getting to Yes*〕一書）。

這個明智的共識中，特別重要的是「當事人雙方的正當期望是否盡可能得到滿足」這部分。如果彼此的正當期望獲得滿足，公平調整利害的可能性也較高，甚至就算經過一段時間，也不會單方面地被毀約。

三方好

這樣的思考方式與日本近江商人（譯註：指鎌倉至昭和時代的滋賀縣商人）知名的「三方好」宗旨相通。所謂「三方好」指交易應該要滿足「賣方好」、「買方好」、「世間好」等三要素（針對近江商人，請參考末永國紀《近江商人　現代を生き抜くビジネスの指針》一書）。不過，據說「三方好」這個說法是後人形容近江商人的買賣方式所使用的。

雖說如此，近江商人一邊考慮合作對象的利益一邊發展事業，這也是事實。調整合作對象的利益與自己的利益，重視結果的持續性關係，這種想法可以說與明智的共識相通。因此，接下來將說明若想要實現明智的共識，或是實現「三方好」的共識時，應該注意的重點。

2 運用強項的選項獲得成果

從強項發想

談判中，可透過運用自己的強項擬定選項（附帶條件），以便達到明智的共識。要盡量在事前準備中充分掌握自己的強項，但無須是壓倒性的強項。例如，對於競爭對手而言，擁有壓倒性商品特性的新商品，或是除了自家公司之外沒有別人能製造的特殊新藥等等，確實都是具壓倒性的強項。

但只要能在談判中提供談判對象所沒有的，或是談判對象所不足的，那就可以算是我們的強項。

因此，在談判中思考對於談判對象而言，何者是必要的？何者是不足的？針對這些能夠提供的又是什麼？透過這些思考，就能夠提出運用我方強項的提案。

只討論價格的談判是耐力賽

請試想看看如果談判的論點中，都只針對價格談判的話，情況又會如何呢？以某件商品的交易談判為例來思考看看。

假設賣方提出一萬日圓的價格，底價是八千九百日圓；另一方面，買方提出八千日圓的買價，底價則是九千一百日圓。雙方都不會把自己的底價洩漏給對方。如果彼此在不知對方底價的情況下一直堅持自己的提案，談判就會破局。

另一方面，如果雙方一邊試探對方的底價，同時自己也稍做讓步，價格就會不斷被調整，最後成交價或許會落在九千日圓左右。這是雙方都有固定利潤的談判結果。其他的就是在九千日圓中，哪方盡量爭取利益，哪方能夠忍住不讓步等，在這樣的討價還價中決定最後的結果。

這只是持續以強硬的態度談判，就算破局也無所謂的高壓攻勢談判手法而已。不過，實際上面對的談判，就算價格再怎麼重要，通常也不會是唯一的爭論焦點。如果是持續性的合作，談判就要把未來的合作關係納入考量。另外，商品的品質或交貨時間等，當然也包含在協議事項之中。

利用選項獲得結論

在談判學中，無論是何種談判，都要重視價格以外的協議事項，找出具創造性的選項，透過這樣的做法，在價格談判上獲得更有利的發展。例如，就算是價格談判，如果開始針對支付條件談判，這就已經不是只針對價格的單一論點進行談判了。以分期付款方式支付、支付日期由對方決定等附帶條件的談判，也能夠以某種形式反映在價格談判中。

如果希望在價格談判中獲得有利的進展，不是使用高壓攻勢策略，而是從附帶條件中找出強項作為提案，這才是最有效率，也最有效果的談判。

找出選項

那麼，要如何找出附帶條件呢？首先要想想自己所擁有的強項。舉例來說，假設有家軟體設計公司專門銷售雲端型業務管理軟體。這類型的業務管理軟體在市面上已經非常普遍，以商品本身來說沒有太大的優勢。在談判中會拿來與其他競爭對手比較，所以

24

面對最高目標進行談判

為了實現目標而做的努力，會提高談判的成功率。

①面對最高目標談判
（建議）

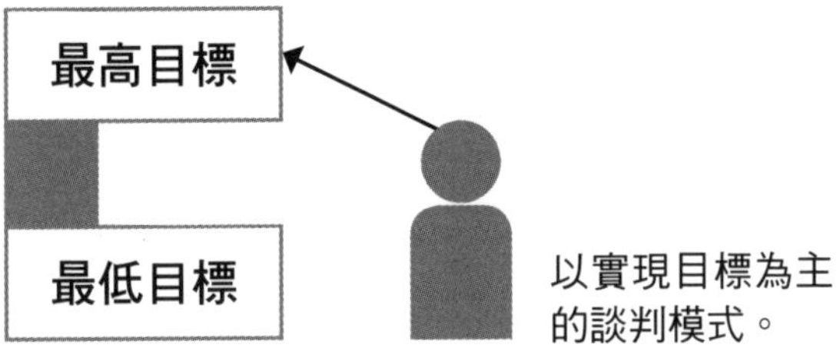

②面對最低目標談判

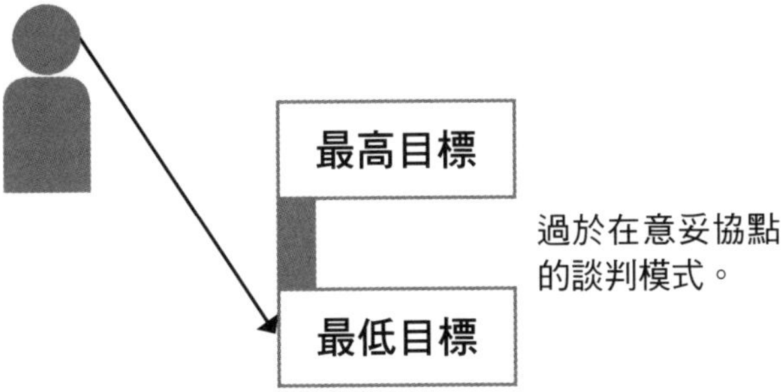

不太能夠展開有利的談判。照這樣談下去，只能想到降價或是免費提供本來應該收費的服務。這對自己而言都是造成沉重負擔的讓步。

把對自己而言負荷大的選項當成王牌

價格讓步這種對自己而言負擔大的讓步，當然對對方具有吸引力，所以這種提案具有說服力。不過，如果在最初階段就提出這種提案，手上就沒有其他王牌了。而且，萬一談判對象又更進一步要求讓步，就只能做出毫無止境的讓步。最後的結果就是，就算達成共識，這場交易也幾乎得不到任何利潤。

提出負荷最低的選項

因此，提供給談判對象的選項，要先丟出對自己而言負擔較小、對對方也有利的選項。就算對方得到的是小小的好處也無所謂。

以前面提到的軟體設計公司的例子來說，假設自己公司位置剛好就在談判對象的總公司附近。當業務管理軟體出問題時，從公司可以馬上趕到對方的總公司處理。像這種好處就是應該積極提供給對方的附加條件。

如果是軟體設計公司，某種意義來說這也是理所當然的服務，通常任何一家公司都會採取相同的應對。不過由於該公司能夠利用地理位置的優勢，比其他公司更快到達客戶公司，首先就可以運用這樣的強項（只是，如果在這個提案說「軟體維修也免費」，那就會成為負擔大的選項，千萬要注意這點）。

就算這種應對能力之類的強項不是什麼了不起的優點，但還是要盡可能地提出來靈活運用。通常談判者雖然知道這類強項，卻不積極運用。或許是認為提出這種微不足道的強項感覺很丟臉，因此他們經常都會在產品說明中或是雙方的閒聊中簡單帶過。

談判對象會被獨特的提案說服

談判對象會對於與其他公司不同的獨特提案表示強烈的興趣。談判對象多半都會認為，既然眼前這家公司擁有與其他公司不同的附加價值，雖然不是什麼大利多，但是與其特地找其他公司討論，不如就跟這家公司簽約吧。一般人面對多個選項時，在心理上會有逃避討論的傾向，內心希望能夠盡早做出決定。

向對方強調好處

若想有效強調自己的強項，最重要的就是盡可能具體說明近距離這個強項對於貴公司，也就是對於談判對象而言會帶來什麼好處。特別是聽到其他公司因為這個近距離的緣故而獲益的實際案例之後，對方會容易被這個強項吸引。

提出對方的競爭對手也引進同商品的真實案例，更有促成談判對象做出決定的效果（如果有支持自己決定的資料，就會擁有自信，也就是所謂的社會性證明效果），而強項對對方具有更大的吸引力。

到最後才出王牌

在談判學中，找出強項作為選項，是進行有利談判時的重點。首先要盡量找出可能會是自己強項的要素，並且靈活運用，以盡量減輕自己負擔，同時思考能夠提供對對方而言某種利益的想法或選項，並提出此方案。價格資訊、提供免費服務等對自己而言負擔大、談判對象也容易看到好處的選項是談判的王牌，一定要留到最後才能出牌。

任何談判都要先找出自己的強項

實際思考如何運用強項，一開始或許會感到非常困難。不過，透過運用這樣的思考方式，平常的談判就會逐漸產生變化。一旦學會意識強項的談判思維，在談判中就能夠把不小心讓步的風險降到最低。

3 意識談判對象背後的人物

如果對方提出再度談判該怎麼辦？

當談判進展到某個程度，談判對象逐漸瞭解我方的狀況，對於我方的提案也積極討論。進入這樣的狀況之後，與對方的信賴關係逐漸建立，對話就較能夠順利進行。然而，針對上次達成共識的內容，談判對象可能會說：「針對這點，我們想重新談判。」提出重啟談判的要求。

就算責怪對方也沒有意義

前次的談判都已經做出承諾了，再度談判不是很奇怪嗎？或許你內心會很納悶。有時候也會批評對方，對對方產生不信任感，甚至開始懷疑談判對象的能力。

真心話是，很麻煩，不過……

聽到對方要求重新談判，為什麼內心會感覺不舒服呢？理由可能是，既然是商業談判，就會根據不同階段追求不同共識，中途推翻原來的共識就稱不上是談判，或是談判對象對於商業的認知實在是太淺薄等等。不過，如果要說真心話的話，應該是「重新談判很麻煩耶」、「好不容易達成對我方有利的共識，再次談判令人感到不安」等想法比較強烈吧。

我們也有部分責任

甚至，當談判對象要求重新談判時，或許原因就在我們自己身上也說不定。這時必須思考「是不是我們沒有充分說明提案的主旨？」，或是「我們是否提供了足夠的資訊，讓談判對象能夠在公司內部說明清楚？」等等。

思考對方背後的人物

當然，我們不可能控制談判對象在公司內部的說明方式。不過，提供談判對象在公司內部說明的資料，以這樣的方式間接支援對方。光是這樣做就能夠對於談判產生影響。因此，可以詢問對方「貴公司對於目前的共識內容有何想法？」、「如果是這樣的內容，貴公司內部是否能夠理解呢？」，藉此表示我方的支援態度，這樣就能夠為談判帶來正面的效果。

加強與對方連結的契機

談判對象的背後跟你一樣存在著各式各樣的利害關係人。讓那些人同意談判結果是一份不簡單的工作。針對談判對象背後所背負的壓力，我們要表現出充分理解的態度，藉此能夠加深與對方的連結。

25

看見對方背後的人物

重要的是看清楚「對方背負的壓力是什麼」。

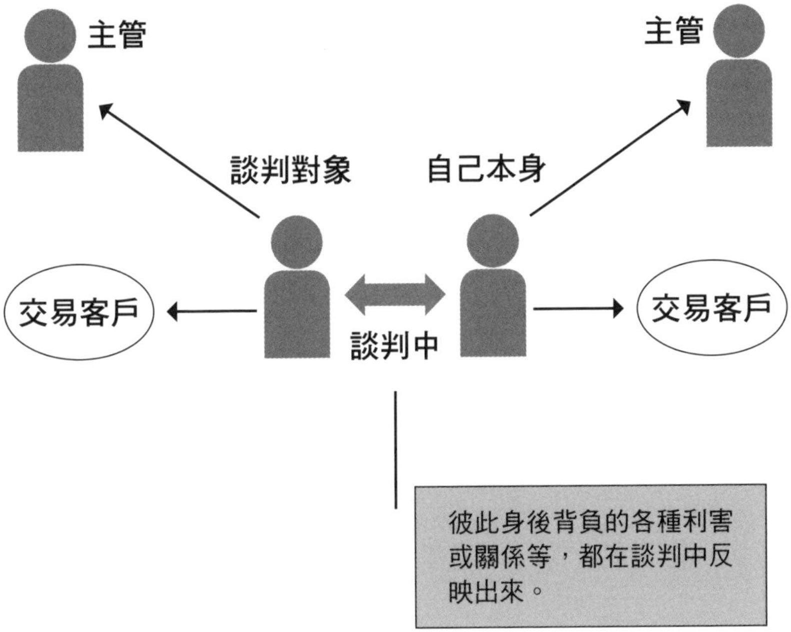

談判對象的問題，是誰的問題？

針對這個議題，如果認為談判對象的問題應該由對方自己解決，跟我們無關的話，這不是一個正確的態度。這樣的態度無法與談判對象產生連結，談判對象對於我方的提案也會採取批判態度。另外，由於對於談判缺乏承諾，所以對方極可能不處理公司內部的批評或反駁，就輕易地要求重新談判。

4 交換條件的風險與利益

交換條件的誘惑

在談判中，彼此無法讓步的主張會互相衝突，這時會採取所謂的易貨交易（Barter Transaction），也就是把彼此無法退讓的主張作為交換條件以達成共識。例如價格方面不退讓，取而代之的是增加購買數量，或是價格讓步，同時要追加退貨條件等等的交換條件。

交換條件也可以說是談判的基本原則。不過，由於我們想要達成共識的欲望太過強烈，會發生輕易交換本來不該交換的條件的危險。

以下介紹被談判學視為交換條件的基本原則。

交換條件的基本原則

首先，若想被列為交換條件，雙方互相交換的條件必須幾乎具有同等價值。舉例來說，某一方的當事者口頭承諾日後繼續合作，而另一方的當事者以大幅降價作為交換條件。

這並不是交換條件，只不過是單純的讓步而已。雖然這樣的例子很極端，不過請嘗試自問，對方打算提出的條件與自己打算交換的條件是否幾乎等價，還是只不過是自己的讓步而已。

複雜的談判與交換條件

如果交換條件成為複雜的談判，會進一步演變為大問題。就算是併購談判這種有投資銀行及律師事務所等可供諮詢的情況，也會因為急於達成共識，而沒有充分檢討共識對未來會造成何種影響，就硬吞下對方提出來的交換條件。

而像是併購這種應該更慎重進行的談判，到了最後也會因為談判負責人的疲勞已經到達顛峰，導致談判者只根據交換條件的好處，就同意達成共識的風險跟著提高。

實際上，不只是併購，在商業談判中，就算一開始小心謹慎地進行談判，到了最後階段，也會輕易地以交換條件應付。例如，應該慎重討論的董事成員或是公司使用的電腦系統整合等問題，如果隨意交換，日後就可能發生嚴重問題。進行條件交換時，務必思考這類的風險之後再做決定。

5 要求對方讓步時的說服技巧

如何要求對方讓步

最後，若想讓談判對象讓步，什麼樣的要求方式最有效呢？此時最重要的就是盡量不要否定對方主張，讓對方主動撤回自己的主張，這才是最上策。

一旦否定對方就會遭到反駁

舉例來說，對於對方提出的價格，要求「這個價格太高了，希望能夠降價」，這樣要求對方讓步本來就是不容易成功的做法，因為你否定對方的主張，認為對方設定這個價格是錯誤的，所以強迫對方要照你的主張修改價格。

避免指出對方的錯誤

談判是無法以勝負這種單純的角度來評量的。在談判中，對於彼此的主張或要求更不應該評論對錯。更何況對於談判對象自己判斷後所設定的價格，我方批判正確與否，顯然就是不對的行為。

要求附帶特別的條件

雖說不要指出對方的錯誤，但也沒必要原封不動地接受對方所設定的價格。正確的做法不是全面否定價格不合理，而是要求對方是否能夠另外提供特別的條件。

從選項開始進攻

假設你與談判對象進行價格談判之前，已經利用強項產生的選項培養彼此的信賴關係了，在這個階段就能夠要求對方：「您提出的價格確實是您設定的，我們沒有置喙的餘地。不過，我們的合作不是一次就結束，雙方目前也正討論未來的合作或合作的可能性，進行更大筆的生意。因此，我們的合作關係也是特別的關係，希望您能基於這點，務必考慮給我們特別的條件。」

幫對方找退路

就像這樣，不否定對方設定的價格，請對方從雙方的關係中思考特別的方案。這樣的要求比較容易引導對方讓步。把情勢導入對方能夠提出我方所要的提案，讓談判更進一步往前發展，這就是談判的管理技巧。

利用戰術讓對方讓步的長期影響

若想要在價格談判上獲得成果，就要塑造對方主動同意以價格讓步，交換我方提出對對方有利的條件之狀況。以這種形式引導對方讓步，談判對象不會覺得自己是被迫讓步的。此外，假設使用以退為進戰術引導對方讓步，對方或許會心生不滿，感覺「被騙了」，或是「被迫同意對方的提案」。若是這樣，未來就難以發展長遠的合作關係。

當然，去國外旅行時，與賣紀念品小販的談判又是另當別論了。小販推銷詭異的擺飾品，宣稱「這是從古蹟裡挖出來的珍貴寶物」。在這種價格談判的場合中，使用談判戰術討價還價也是旅行中的一種樂趣吧。這是因為與小販之間無須建立長期信賴關係的緣故。

不過，既然商業談判會維持某種持續性關係，只以一次性的交易利益為最優先考量而脅迫對方讓步的條件，不僅沒有效果，就算談判順利也不是每次都能得逞。

提案要有自信

◎這是我們最好的條件！

關於價格或條件的提出，還有一個原則。如果是我方提出價格或條件，就要主張該價格條件是給對方最好的條件，不輕易讓步。不輕易讓步是彼此建構信賴關係時不可欠缺的態度。此話怎講呢？

先抬高價格之後再輕易讓步，表示你提了一個本來就打算讓步的提案給對方。以談判對象的角度來看，就會對你產生「這個人的提案不可大意」、「這個人無法信賴」等印象。在談判中，如果我們說的每一字每一句都無法獲得對方信賴，就不容易達到有效共識。

◎讓你說的話具有份量

隨意收回自己說的話或是輕易讓步，這些都會讓你說的話失去可信度，也無法獲得對方全面的信任。所以，重視語言的份量進行談判是非常重要的。特別是當你覺得好像降價就會達到共識時，很容易會對價格讓步。這時候，最重要的是先不要急著決定是否讓步，讓談判再持續一陣子。在提出條件時，要帶著自信以提高此條件的可信度。

◎這不是「妥協點」的提案

在這裡要注意一個重點。對你自己而言，這個最初提出的條件（提案）是會帶來最大利益的價格。簡單來說，你應該提出自己可以獲得最大利益的價格。所以思考這個最初條件時，要確保自己會獲得最大利益，然後才能提出。

◎禁止一開始就提供較低程度的提案

請帶著自信向對方提出最初的條件。前面說明過，「最好不要讓對方看到你輕易讓步的態度」，不過這句話有被誤解的危險。有人會誤以為「一開始的提案就要決定一個對方容易接受的價格」。不過這種想法是錯誤的。

在最初的提案階段，對方是否馬上接受並不是太重要。所謂談判就是為了得到最大利益而進行的，同樣地，談判對象也是這麼想的，所以光是堅持自己的主張無法達成共識。因此要考慮對方的利益再提出提案，讓對方獲得利益同時，也讓對方讓步。然後，最後的目標就是「以對自己最有利的形式結束談判」。

因此，最開始提出的提案當然就是比底價更高的價格（如果是賣方），或是相當低廉的價格（如果是買方）。

◎與以退為進戰術的差異何在？

那麼，這跟以退為進戰術是一樣的嗎？以退為進戰術是一開始先提一個對方極可能拒絕的提案，讓對方拒絕之後，我方再行讓步。還有，若想要成功運用以退為進戰術的話，對於一開始不合理的提案也要抱持著相當大的信心，如果不讓對方相信「這個提案是我們給您的最好條件」，這個戰術就不會產生效果。

如果你的提案讓對方一開始就知道「哎呀，這是運用以退為進的招數」，輕易被對方看穿你虛張聲勢的提案，這個戰術就無法奏效。

◎獲得信賴的討價還價

我在這裡說明的「最初的提案應該強硬地放入自己最大的利益」，這並不只針對戰術的效果而已。應該重視的是提高說出口的話之信賴程度，也就是給對方的提案通常是最佳提案，關於資訊的提供也不捏造馬上就被看穿的謊言。一貫保持這樣的態度，讓對方瞭解我方說話的份量與可信度。

這麼做的話，就算對方認為「搞不好這是以退為進的戰術」，懷疑我方的提案而沒有馬上讓步，只要我方持續說明這個提案的好處，對方就能夠轉念為「不像是運用戰術單純想要欺騙我」。

◎自己的利益最大化才是談判的本質

接著再繼續設法讓自己所說的話更具份量，甚至付出些許努力。例如，提供資訊以提高發言信賴度、聆聽對方說話、提出會獲得資訊的問題等，這些舉動都會逐漸得到對方信賴，消除對我方提案的戒心。

像這樣，不是只重視利用以退為進戰術獲得現場的利益，而是利用以退為進戰術的同時，最終還是確保了自己長久的利益。

6 團體動力

談判與團體動力（Group Dynamics）

進行商業談判時，會與公司內部數個部門進行內部調整，與相關人士面對談判。這種時候，最困難的部分與其說是與談判對象的談判，倒不如說是公司內部的利益調整。

◎認同雙方利害關係不一致

一旦屬於某個組織，就很容易認為因為屬於相同組織，所以利害關係也一樣，而看不到部門之間的差異性。不過，光是改變零件採購的廠商，與此相關的利害關係人就會一一浮現，如採購部門、實際使用該零件的製造現場，還有負責設計的部門、銷售該產品的業務部，乃至於審查採購零件相關交易條件的法務部門等等。如果沒有在公司內部明確調整各負責人不同的想法，就進行談判的話，各部門的不滿將會逐漸升高，甚至可能對整體談判產生不良影響。

◎組織內部的談判

在談判學中，調整組織內部多數當事者的利害關係，不叫做組織內部溝通，而是將其定位在「組織內部談判」，同時也應該積極運用談判手段進行。針對順利進行組織內部談判的技巧，我整理出幾個重點。

集體迷思

組織內部的溝通其實是非常困難的。在社會心理學中，比起研究組織溝通帶來的好處，有更多的研究專注在組織內的溝通如何形成愚蠢的集體決定。你必須充分瞭解在一個充斥散漫對話的會議中，最後會形成一個極為愚蠢的決定，而非一個人的決策。

特別是組織內部的決定，並非集結每個人的智慧、經過深思熟慮的結果，而是草草做出的結論，這種情況稱為「集體迷思」（Groupthink）。集體迷思有三個特色（參考釘原直樹《グループ・ダイナミックス　集団と群衆の心理學》一書）。

①假裝表面上的見解一致

在公司內部的會議中，所有成員都已經權衡了組織中的權力關係進行討論。所有成員的注意力不見得都指向對組織而言的最佳決定，或者可以說，以這樣的想法所投入的時間非常之短。

博得喝采的提案之危險性

實際上在會議中會出現想要得到主管認同、想證明自己的優秀能力而提出博得眾人喝采提案的人，或是為了想反駁討厭同事所提的意見，而不斷爭議其實沒那麼重要的論點的人。

另一方面，對會議不感興趣的人，雖然本來能夠說出有利組織的發言，但是卻認為自己就算發言也不會有任何改變，而打消念頭。另外，組織中的職位，也就是部長或課長等社會地位，也加重了其發言的份量。比起發言內容是否有益之內容本身，此發言是由誰提出的更受重視，因發言者的地位而採納其意見的情況也經常可見。

26

「很好！」的陷阱

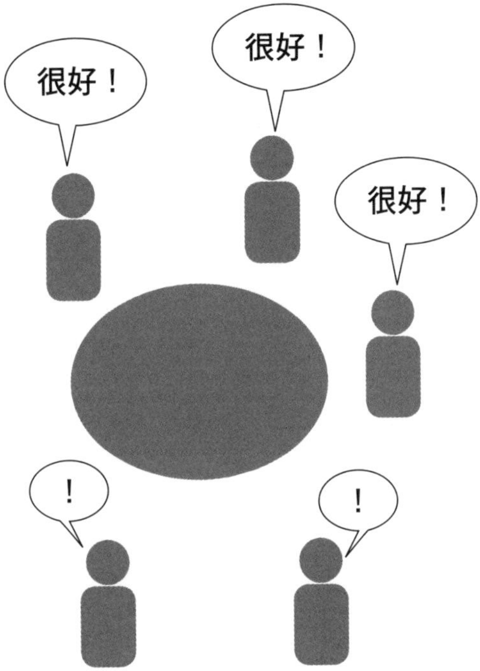

只有自己人覺得「很好！」的提案風險

↓

①粗糙到令人感到驚訝的計畫；
②不會比維持現狀的計畫好；
③如果冷靜思考，是一個令人汗毛直豎的危險計畫。

……這些人都沒有察覺到這些問題。

保全眾人「面子」的風險

像這樣的會議可以說是常態，而讓這種會議更加惡化的就是拚命進行斡旋，假裝表面上大家的見解都一致的人。總之，他們不看清楚議題中最根本的意見對立，或是對於對方的批評原點，而只是全面性地採用所有與會人員的意見，以顧全眾人的面子。

「外人如何看待」的想法

這種會議做出來的決定在組織中或許會獲得眾人的好評，但對外來說並不會帶來任何成果，反而可能會成為批判的對象。最近也發生當企業爆發各種醜聞時，社長在記者會上的發言像是否認了自己應負的責任，最後演變成不可收拾的大問題。

由這類實際案例可以看出，在公司內部的會議中，他們並沒有考慮到發表的內容會受到「外界」何種評價，他們在公司討論的結果多半是以組織內部的倫理為優先，以及只對自己有利的理由等。

調整型領導者的危險性

組織中的意見對立、對彼此意見的批判等，是有效做出決定時不可或缺的過程。迴避這類的辯論，偽裝表面上的共識，或是擷取每位成員的部分意見做出總結等等，團體對於這種擅長調整多方意見的領導者會給予好評，但這也是集體迷思常會陷入的狀況。形式上的內部調整型領導者會為整個組織帶來莫大的損失，關於這點必須特別注意。

②同儕壓力

在偽裝表面共識的組織中，同儕壓力強力地運作著。在組織中，彼此會互相牽制以盡量保持內部和諧的氣氛，也可以說是「察言觀色」。不過，如果這種互相牽制的力量強力運作，公司內部的會議就不可能會順利進行。

古巴危機

集體迷思的研究中，經常被舉出來探討的實際案例，就是美國甘迺迪政權面對古巴政府時所採取的行動。

甘迺迪政權成立後不久，就策畫顛覆古巴的共產主義政權，於是由ＣＩＡ（美國中央情報局）擬定攻擊古巴作戰計畫，也就是所謂豬玀灣事件（Bay of Pigs Invasion）。這時甘迺迪政權沒有充分討論這項計畫就下令作戰，結果遭遇重大挫敗。當時的國防部長麥納瑪拉（Robert McNamara）於日後曾經說過：「坦白說，我對於攻擊計畫不是很瞭解，許多事實也都不知道。總之，我把自己放在一個消極旁觀者的位子上。」

就像這樣，組織一開始就決定要實行作戰計畫，而比起作戰的成功率，當組織展現對古巴的強勢態度中參雜了複雜的政治意圖時，整個團體就會形成再也無法反對組織決定的氛圍了。一旦這種強烈的同儕壓力持續發酵，被稱為中立派的人就無法發言，討論的內容也會往某一個方向偏斜。

組織文化與同儕壓力

據說日本人的團體經常可見同儕壓力的影響，不過同儕壓力不見得是日本人特有的現象。以一九八六年挑戰者號太空梭升空失敗的案例來說，其實NASA早已經收到警告，知道火箭推進器上的一個O型環無法在低溫下有效運作，燃料可能會有洩漏的危險。但是NASA對於發出這項警告的製造廠商只要求重新檢討，最後還是決定讓太空梭如期升空。

廠商接收到NASA決定升空的強烈意圖，陷入一個不得不接受的狀況，這就是同儕壓力的典型案例。如果團體內部形成一個不僅是反對意見，連提問也不允許的氛圍，同儕壓力無疑地會將議題導引至危險的方向。

③扭曲對外界的認識

集體意識

由於我們屬於同一個組織，所以就被外界隔絕。就算同屬一個大學，光是選課或班級的不同，也會與其他課程或班級的人產生對抗意識，這在情感的歸屬上是能夠理解的，而且在研究中也有諸多證明。像這種對於組織產生的歸屬感，是加強彼此合作關係時非常重要的重點。不過，同屬一個組織的現實也經常會扭曲我們對外界的認識。

倫理的偏差

在表現較為優秀的人們所聚集的菁英組織中，對於外界的優越感，往往會轉換成對自己的判斷抱持著無可動搖的自信，也就是轉換成「我們不可能犯錯」的這種毫無根據的信念。像這種毫無根據的信念，只會擷取對自己有利的事實，且更進一步地被強化。

但是實際上，這種只是靠著偏差事實的認定與滿足個人自尊心所做出來的各種決定，卻是粗糙得令人驚訝。甚至，他們對外界認識的扭曲，會使他們在特定的領域或特定的組織中，把違法的行為或明顯違反倫理的行為合理化，也就是引起所謂的「崇拜」現象。

他們對於道德規範已經麻痺，認定自己做那些被社會視為違法的事情是可原諒的。在組織中疏忽或隱匿應該報告的事項，或是企業之間進行價格壟斷或協議的會議等，可以說都是因為對外界認識的扭曲而產生的作為。

發揮團體動力學

◎三個臭皮匠勝過一個諸葛亮，這是真的嗎？

那麼，該怎麼做才能發揮團隊的最大力量，做出有效決定呢？「三個臭皮匠勝過一個諸葛亮」這句話是真的嗎？其實現實世界並沒有那麼簡單。多數的研究顯示，團體最有效的決定並不是團體討論後所做出的決定，而是蒐集每個人的獨自決定後所集結的內容（關於這點，以下這本書有非常完整的歸納整理：James Surowiecki《群眾的智慧》〔*The Wisdom of Crowds*〕）。不是集結眾人來討論，問題就會獲得解決，也不是利用腦力激盪就會確實提高決定品質。如果想要提高決定品質，就需要訂出規則以避開集體迷思的現象。

◎人數少的會議最理想

社會性的偷閒

當眾人合力搬運一件沉重的行李時，有時候會幾乎感受不到自己承受的重量；多數人面對一個課題，會發生每個人都認為缺一個人影響不大，結果大部分的人都不積極投入解決課題，這就是自古以來眾所皆知的「社會懈怠」（Social Loafing）現象。在會議中也會發生同樣狀況。當多數人參加會議時，就會認為就算自己不積極參與，也會有其他人表達意見。

提高貢獻度

若想避免這樣的現象，就要盡量把討論的人數降到最低，理想狀況是三、四人的小型會議效率最高。就算是多數人參加的會議，也可以透過增加與會人員發言的機會，有效提高每個人對於會議的貢獻度。

不過，光是聽多數人發表意見就要花掉很多時間，開會的效率並不高。如果努力執行這個做法，除了多幾個人發言之外，對於會議幾乎沒有什麼貢獻。這樣的會議只是行禮如儀，毫無建樹可言。

◎協議事項的管理

協議事項的管理

多數當事人進行公司內部談判時，會因為眾說紛紜，以至於連自己也搞不清楚自己在說什麼。因此，經常在腦中緊抓著協議事項，以協議事項為中心來管理議題的進行是非常重要的。每隔三、四分鐘就必須不著痕跡地在發言中提醒現在討論的主題，藉此集中所有與會成員的注意力。

簡單報告所有成員的狀況

還有，在協議事項一開始，確定所有人員已掌握狀況的做法非常有效。特別是在危機管理的談判上，務必實施這個方法。

在組織內部的談判中，通常都是默認所有成員已經某種程度瞭解目前的情況，並以此為前提進行談判。不過，實際上大部分的參與者不見得都正確地理解現狀。舉例來說，在有關解決災害、紛爭等嚴重的危機管理會議上，要先把握現狀之後，才能開始進行所有工作。

腦中要經常提醒自己瞭解最新狀況之後再來研擬具體對策。這在組織內部的談判也是非常重要的觀點。因此，多數的談判當事者都會在談判進行之前，先表明「我想各位對於要討論的事應該都有某種程度的瞭解，不過為了讓所有成員的理解一致，在此想先簡單說明目前的狀況。」就像這樣，在討論之初就先讓所有成員掌握狀況，這樣討論的效果會比較好。

組織內部談判的共同方針與對策

多數當事者討論時，也會發生彼此意見不合，甚至演變成互相指責的危險狀況。像這種彼此意見對立而產生毫無效率的指責情況一定要避免。只是，就算雙方在認識過程中，為了不同意見而開始進行激烈爭辯，也不應該全盤否定別人的不同想法。因為一旦在中途阻止別人的主張，對方會以為「我們部門被看扁了」，最後對整體的談判帶來不良影響。

就算從旁人的角度來看，認為「這樣的討論真沒意義」，也不要立即制止，讓雙方繼續討論一陣子是很重要的。當所有成員對於一直陳述自己意見卻無助於解決問題的情況毫不在意，或是每個人都已經某種程度提出自己的想法之後，就可以往下繼續進行會議，「那麼，由於各部門都已經充分表達自己的意見了，接下來我想討論我們的基本方針，也就是在這次的會議中，我們想得到什麼結果？如何解決這個問題。各位覺得如何呢？」透過這樣的方式，能夠有效提醒所有人針對目標具體討論。

在這個時間點就要把某些特定的基本方針，也就是這次談判中，組織想要設定的基本方針放入討論的議題中。絕對不可以輕忽這個基本方針。談判的重心就是「實現這個基本方針的最佳對策為何？」。在多數當事者的談判中，「從基本方針到對策」的過程是最重要的。

還有必須注意的是，「基本方針不是單純的原則而已」。大多數人認為具體對策比基本方針重要，也有許多人不太重視基本方針。不過，在跨國談判中，為了調整彼此不同意見所制定的基本方針，是擬訂具體對策的唯一依據。如此才能夠判斷這項具體對策是不是最好，或是哪個對策最符合基本方針。

瞭解形成共識的基本型態

在多數當事者的談判上，會以某種形式形成基本方針（共識）。基本方針必須清楚明白。為了不讓基本方針成為對自己不利的目標，在制定階段要盡量積極參與。總之，在多數當事者的談判上，談判初期階段的積極參與是不可或缺的。

假如這個基本方針對自己不利，則必須要求談判中止或改變基本方針。例如，國際的運動比賽團體為了改變比賽規則而舉行會議，將共同方針訂為「根據目前的規則比賽，後半場很難逆轉，因此希望把規則改成就算在後半場比賽，選手也有反抗的機會，讓比賽更刺激。」

一開始就參與基本方針的討論

不過，如果仔細研究背景，會發現由於最近日本選手的崛起，無法得獎的幾個歐洲國家開始熱衷於改變比賽規則，這時該怎麼辦呢？

假如日本這時的應對是，「現行規則已經很健全，比賽也非常刺激，沒有改變規則的必要。若想要增加比賽的可看性，在亞洲國家推廣比賽才更重要。」必須像這樣提出自己的主張，反對共同方針，或是盡快積極擬訂影響基本方針的談判策略、找尋盟友等。

如果在談論基本方針的階段沒有確實爭取，就依照提案內容通過基本方針，在協議個別規則的內容時，就確定早已經陷入不利的狀況了。因此多數者參與的談判中，必須仔細注意各種共識的內容。

◎團體極化

所謂團體極化（Group Polarization）指當一群人同屬一個集團時，容易認同由極少數人所提出的偏斜論調，可能是過於激進，也可能是過於消極，於是議題的走向就會往極端的方向傾斜。例如，①傾向規避風險的人討論時，會很謹慎地做出結論；②傾向挑戰風險的人討論時，就會形成一個高風險的結論；③若是較為中立的人所集合而成的團體，其結論就會受到多數人的意見左右，偏離中立的結論。會發生這種團體極化現象，是因為團體成員無視少數意見的緣故。

我們之所以會討厭少數意見，理由可能是①少數意見的反駁或批判成分較高，所以聽起來不舒服；②感覺聽少數意見的時間被「浪費」掉了，如果可以的話，希望能快點付諸行動或是做出結論；還有③少數意見包含了自己不想看到的部分，所以會讓人覺得不舒服等等。

魔鬼代言人

◎何謂魔鬼代言人

若想要避開討厭少數意見的心理傾向，運用「魔鬼代言人」（Devil's Advocate）的思考方式是很有效的。魔鬼代言人這個名詞來自於天主教教會選拔聖人時，會指派一位神父負責找出聖人候選人的缺點或問題，而這位神父就稱為魔鬼代言人。一旦被指派這個任務，這位神父就必須調查聖人候選人的惡行、不檢點的行為等等，證明這名候選人的不適任。針對魔鬼代言人的指證，另一派的人則會提出反駁，主張候選人的適任性。聽過雙方的辯論之後，教會才會決定此候選人是否能夠列入聖人之列。

天主教教會在一五八七年引進這項制度。當時的幹部們，也就是教宗與樞機主教們信仰的是同一個宗教，所有人員也都在相同的修道院或教會中共同生活，因此教會非常清楚這是一個同質性相當高的團體，也明白這種同質性團體的決定有一定的危險性。透過魔鬼代言人制度的引進，故意製造聽到不同聲音的機會，以求做出客觀且冷靜的判斷。

就像這樣，在會議中透過對某項意見的反駁或批判，能夠做出更適當的討論結果。只是，實際上針對某項意見提出反駁或批評，可能會被視為人身攻擊，在現實中非常不容易推動這種做法。

◎讓與會者攻擊白板

因此，如果無法採用魔鬼代言人這種嚴格反對者的方法，可以將共識內容或提案寫在白板上，或是透過投影機放映在螢幕上，讓所有成員針對寫出來或投影出來的意見提出反駁，這樣的方法也有幫助。雖然這方法看起來很簡單，不過比起當面被別人批評「你的想法有問題」，單純看到寫出來的內容遭到反駁，遭批評的人也比較容易豎耳傾聽。

發放共識案的文件也是有效的做法，這也有實際案例。一九九四年ＷＴＯ（世界貿易組織）剛成立時，世界各國齊聚一堂討論要簽訂哪些協議。那時，當時的祕書長鄧克發送了被稱為「鄧克提案」（Dunkel Proposal）的草案給各國。在各國來回對此草案的批評、辯論當中，逐漸匯集了需要討論的事項。

把該批評或辯論的內容寫在書面上，利用這個方式讓大家針對條件或文件進行批判討論，而不是把批判的矛頭指向特定國家。透過這樣的方式，一開始預測可能會進展困

27

魔鬼代言人

採用重視反駁意見或少數人意見的討論方法。

參考 魔鬼代言人（Devil's Advocate）

指天主教教會選拔聖人時，負責找出該候選人的缺點或問題點的列聖審查官。

⬇

避免出現同性質的意見而特意採用的方法。

難的談判，也終於勉強達成共識了。

◎魔鬼代言人的時間點

只是，光是這麼做並沒有發揮魔鬼代言人的最大效果。若想有效運用魔鬼代言人制度的話，特意在談判過程中，也就是在協議事項中穿插對於共識方案或談判對象，以及自己本身的主張、意見的反駁或批評，這樣將會帶來有效的成果。

例如，不是要求大家「自由批評或反駁提出的意見」，而是針對目前作為共識案所提出的意見與想法，或是針對彼此已經做了某種程度讓步的共識提案，建議大家「討論這項共識是否有潛在風險」。

我們的共識內容必定存在著「其他共識的可能性」。不過，大部分的人很容易忘記這個其他共識存在的可能性，而認為目前的共識案是最佳方案。然而在談判中，彼此心中的共識內容並不是唯一的正確答案。

◎沒有所謂完美的共識

在這層意義上來說，各種共識方案對彼此而言是最適當的解決方案，但是在此同

28

①直接互相批判是危險的做法

時，也可能存在著某些風險、甚至遺漏其他更好的共識方案。因此，針對彼此的共識案，在達成共識前檢討其風險或危險性，就能夠發現意想不到的遺漏。這也就是魔鬼代言人在討論中必須存在的理由。因此，在談判中特意保留一段時間互相討論共識案的風險、問題點是有幫助的。

甚至，談判中為了直接獲得對於共識案之反駁或批評，也能夠設置魔鬼代言人角色。不過，在同儕壓力強大的組織中，這種角色或許無法充分發揮其應有的功能。但如果向大家強調設定一個階段，針對某項意見自由提出自己的看法之重要性，或是這種反駁或批評不是個人攻擊，並且在可能發生毀謗中傷時設法阻止的話，應該就容易發揮魔鬼代言人的效果。

◎不被魔鬼代言人所迷惑

魔鬼代言人還有一個危險，那就是提出過去的前例來批判改革現狀的想法，或是對於新事物抱持懷疑的態度等，都會形成維持現狀的意見。事情會演變成「既然如此，那就什麼都不要改變吧」，像這樣隨便歸納各方意見，最後可能發生與集體迷思無異的結果。

若想避免這種狀況，就不要把魔鬼代言人的批評視為絕對。而且魔鬼代言人的批評

28

②把怒氣發洩到白板上

協議事項：
專賣合約
重點：
專賣合約的期間
寫出爭議點，讓談判者對著白板提出批評。
我想重新討論合約裡記載的期間。
我想知道重新檢討的理由。
請把我們希望的合約期間也寫在白板上。

本身只不過是引發討論的契機，現場立刻回應這樣的批評、修改目前的共識方案，或是不放棄等態度都是很重要的。如果魔鬼代言人沒有培養面對對立意見依舊沉穩的對話習慣，則會帶來反效果。必須注意這點。

順帶一提，在國外的會議或談判中，魔鬼代言人是一個慣用語。例如在會議中，對於對方的意見提出批判性的言論時，要在發言前先說明「我是特意以魔鬼代言人的立場來看……」，考慮對方的感受再行發言。讓對方知道你的批評是為了讓討論的發展更具建設性，然後再陳述自己的想法，這樣效果較好。

◎把發言視為魔鬼代言人的發言

當會議的結論已經某種程度達成共識時，有人會無視一直以來的前提而提出自己的想法，讓人懷疑「這個人為什麼在這個階段講這種話？」，像這種時候，自己就要轉念，「這個人的發言或許是『魔鬼代言人』的發言」，以這樣的心態側耳傾聽就好了。

如果以這樣的心態聆聽對方的想法，有時反而會發現共識方案或決定的缺失或問題點。以這樣的態度尊重少數人的意見，這也是魔鬼代言人的另一種詮釋。

◎沒有反駁就不做決議

難以直接提出批判或反駁時，有一種方法雖然消極，但卻很有效。那就是訂出一項規則，規定當某項意見沒有遭到任何反駁或批判的話，就要避免直接採用這項意見。

因為這與數學公式證明不同，邏輯上無法證明除此之外沒有其他正確解答。在談判中處理的問題沒有唯一、絕對的正確解答。任何計劃都會有某些風險、缺點或是反駁的餘地。像這樣不經過討論就直接採用意見的狀態，表示這個團體可能早就已經發生團體極化的現象了。

因此，如果批判、反駁或是提問等都沒有出現的話，就要避免採用這個意見，以這項規則為前提進行討論。在這個規定之下，若想要結束會議獲得結論，必須針對這項提案做出任何評論才行，這樣所有與會成員才會認真思考這項提案。

「假如所有成員的想法都一樣，表示現場的每個人都沒有認真思考。」“Where all think alike, no one thinks very much.”（Walter Lippmann, *The Stakes of Diplomacy*, Transaction Publishers〔2008 at 51.）就如這句話說的，當多數當事者進行討論時，沒有任何問題或意見就做出決定，這是極為危險的。

第7章

超越對立——衝突・管理

1　何謂衝突

衝突的特徵

彼此立場互相抵觸、指責對方，然後演變成訴諸裁判或是國際糾紛，逐漸地無法靠對談解決問題，以至於產生武力紛爭，甚至惡化成全面性戰爭等，對於這樣的衝突（Conflict；摩擦、對立）狀況，該如何避免呢？或者說，該如何透過談判解決已發生的嚴重衝突呢？

逐漸惡化

在此之前，必須先瞭解衝突的特徵。衝突的特徵就是對立情況很容易惡化。一旦事態惡化就完全無法控制。

特別是如果紛爭成為民族、宗教或是相鄰兩國之爭的話，事態會更加嚴重。由於文化、習慣的不同，溝通方式也有所差異，這樣的差異更加助長對對方的誤解與不信任。

就算想停止也辦不到

衝突還有一個特徵，那就是對立雙方就算想解決紛爭也解決不了。造成紛爭的當事者內心也明白再這麼惡化下去，對雙方都不會有好處，也還是陷入無法解決紛爭的狀況。假如雙方都想持續這項紛爭或戰爭，那就更不可能解決這個衝突。就算雙方內心都想解決紛爭，但是無法停止衝突，使得問題更加複雜。

就像這樣，衝突會在一瞬間演變成最差的狀況。還有，雙方也都知道解決問題的好處，不過即便如此，卻也還是陷入無法解決紛爭的狀況。因此我們必須先瞭解衝突的特徵，再來思考適當的應對方案。

2 一般人面對衝突的反應

如果是企業之間的紛爭

在此以商業談判為例，分析衝突的性質。舉例來說，假設有兩家公司在數年前為了研發新產品而簽署共同研發合約。一般來說，若想要討論共同研發，雙方對於彼此的技術就必須某種程度共享資訊。不過，談判有時候也會進行得不順利，因此事先就要商定一件事情，那就是保密協定。所謂保密協定就是即便談判破局，彼此也不能任意使用談判中所公開的資訊。一旦簽訂這份保密協定，在法律上來說，談判對象就無法任意使用談判中獲得的祕密資訊了。

假設這項談判進行不順利，談判以破局告終，不過由於事先已經簽署保密協定，所以我們認為對方應該不會任意使用我方在談判時公開的技術。結果我方獲得情報，發現對方好像運用了我方的技術研發新產品。像這樣的情況，該如何應對才好呢？

29

戰鬥？逃避？

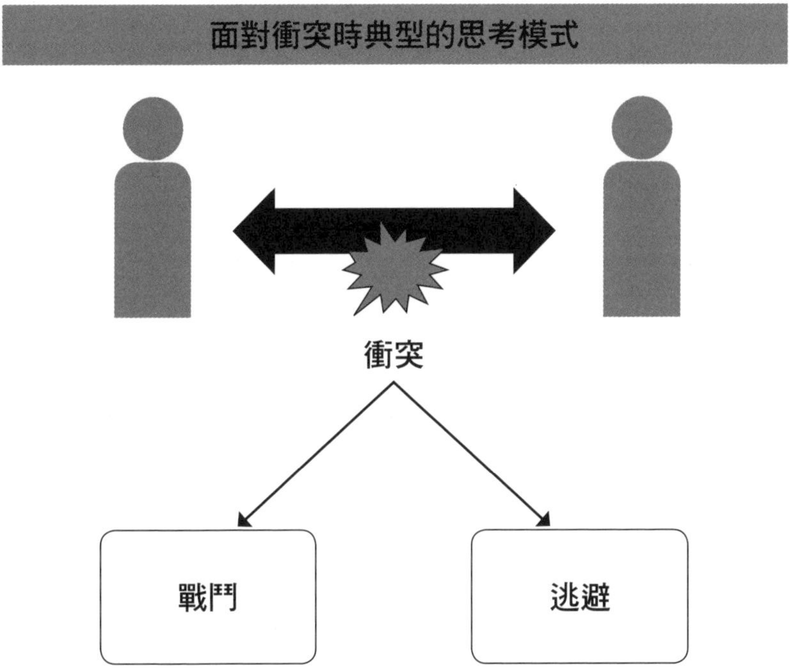

戰鬥？逃避？

一旦面對這樣的問題，大部分的人都會陷入以下兩種思考模式：一是「戰鬥」，也就是為了追究對方違反合約、請求停止製造產品或要求損害賠償而決定訴諸法律，與對方對戰到底；另一種反應就是逃避。面對這種問題時，雖然對於對方公司的心情與戰鬥派一樣，不惜對簿公堂，也想指責對方，不過內心更不想被捲入棘手的問題，所以不舒服的感覺更加強烈。因此這種人會傾向於快速處理問題。如上所述，「戰鬥？逃避？」這兩種原始反應是一般人面對衝突時的反應模式。

這兩種模式並非固定不變，戰鬥模式的人有時也會因為疲乏而轉變為逃避模式，逃避模式的人也可能一口氣轉變為戰鬥模式。無論是哪種模式，這樣的情緒反應會大大地影響實際談判的發展。

3 衝突與裁判

裁判的優點及缺點

假設雙方針對違反保密協定進行對話，結果對立變得更加惡化，進而對簿公堂。我們會期待中立且公正的法官會做出適當的裁判，也會在法庭上努力主張自己的正當性。

在現實中，智慧財產權的糾紛，特別是與專利有關的糾紛，透過訴訟獲得解決的不在少數。不過，在日本就算打官司，也極少會堅持上訴到最高法院尋求判決。實際上，就算對簿公堂，大部分的案例也都會以和解收場。這樣的情況與被稱為訴訟社會的美國一樣。在美國流行一句話，「sue first talk later.」（先提告後溝通），表示美國社會普遍認為打官司只不過是談判的一個契機而已。

和解的有效性

為什麼就算對簿公堂，到最後大部分的案子卻是以和解收場呢？理由各有不同。持續打官司要花錢，也就是必須支付律師費等訴訟費用，這也是兩造雙方會選擇和解的主因之一。只是，如果比較訴訟與和解，雙方能夠在和解的過程中掌控所有的共識方案，相對於此，身為第三方的法官的判斷是從中途插入，不受當事人的掌控，而且雙方都只能完全聽從法官的判決。這樣的差異也是雙方會選擇和解的重要因素。

法官當然是公正的，從這個意義來說也是能夠信賴的。不過也正因為法官是公正的，所以法官通常不會只聽我們這方的說法。不管我們認為自己的主張有多合理，如果法官不接受，自然也不會認同我們的主張。

最後還是有必須由當事者解決的問題

法官會幫我們解決的是法律上的問題。在商業糾紛上，解決法律問題只不過是其中一部分而已。若想要解決商業問題，不只是裁判結果，就算判決出來之後，當事者之間也必須調整各種合作的運作方式。

姑且不論光靠判決就能解決問題的案例，在大多數的商業糾紛中，由於最後的目標是解決整體問題，所以非常多的案例是即便還處於打官司的過程中，也會找一個時間點開始進行和解的談判，這對雙方而言都是一個合理的選項。

甚至，商場最重視速度了，經常在打違反保密協定的官司中就錯失了大商機。這樣就算官司打贏了，如果商場上輸了也毫無意義，所以官司上的輸、贏只是心情上的高興與難過而已，有時候問題也沒有獲得解決。因此，以下我將介紹快速、有效，還有可以的話，在最短的時間內解決衝突的衝突・管理重點。

4　不要錯過共識（和解）的機會

共識的機會極少

多數的衝突會因為錯失達成共識的機會而變得更加嚴重。實際上在許多紛爭中，經常看到錯失最終解決紛爭的好時機。錯失機會是因為把自己當成正義的鬥士，優先考慮戰勝這件事。

在衝突中，我們總是會批評對方不對，堅持自己的正當性。因為認定對方不講理且充滿惡意的人比較容易引發戰鬥。

不要只靠正確言論解決

不過，就如「當我們不再希望在別人那兒發現理性時，也就失去了我們自己的理性。」（參考Francois de La Rochefoucauld《人性箴言》〔*Maximes*〕一書）這句話所說的，不可能錯都在對方，只有自己正確。當共識的機會出現時，重要的是超越「正確・錯誤」的想法，站在「這項共識會帶來什麼樣的利益？」、「或是有什麼風險？」的觀點上分析。當衝突發生時，「不能錯過達成共識的機會」（參考Harvard Business Review《*Winning Negotiations*》一書），內心牢記著這句話進行談判是很重要的。

我就是不想讓那傢伙撈到好處

其次，錯失達成共識機會的另一個主因是，「在這樣的階段和解會感到懊悔」、「無法同意給對手好處」的感覺。雖然明白再這樣戰鬥下去沒有意義，但是一旦被這樣的衝動驅使，紛爭就會一直持續下去。

如果對方不屈服，自己的心情就無法平復，這種想法在民族紛爭中非常嚴重，這也是和解或停戰協定總是會失敗的因素之一。商業談判也經常會被這樣的想法影響。只是，商業紛爭與民族紛爭、國家之間的衝突不同，比較容易把焦點放在利益上解決問題。

能夠把焦點放在利益上嗎？

所謂聚焦在利益上，指比較繼續爭鬥的損失，以及在這個時候結束爭鬥所能夠獲得的利益。比較時，不要考慮談判對象令人不舒服的態度、自大的言論以及粗暴的態度等。對於因民族紛爭所產生對立的人而言，就算心裡明白，但是在情感上卻是難以理解。不過，如果是商業衝突，不就比較能夠平靜下來冷靜思考嗎？正因為是紛爭，所以才要聚焦於利益上，腦中意識著這點是非常重要的。

5 從不同的窗口看待衝突（框架）

看待問題的方式千差萬別

衝突是由於當事者對過往事實的解釋不同而產生的。因此，若想要解決衝突，最重要的是把當事者面對過去的角度，切換為面對未來。

框架

人們會從特定的角度看待問題。對於此問題的看法或解釋，我們稱之為框架。框架就是窗框的意思。由於窗戶位置的不同，看待事物的方式也會改變。就像這樣，只要我們對某事的固定看法不改變，衝突就不會有解決的一天。

聚焦於「當下」

若想要解決問題，必須試圖從凝視過去的框架轉換為聚焦於未來的框架。例如南非故總統曼德拉（Nelson Mandela）就職總統時，就把目光放在未來而非報復，希望藉此達到白人與黑人的種族融合。為了緩和因種族隔離政策而曾經被歧視的黑人，與歧視黑人的白人之間的緊張，曼德拉認為只能把目光放在現在以及未來，而非過去。他不僅重複宣揚這個主張，自己本身也如此實踐（參考Richard Stengel《曼德拉的禮物》〔*Mandela's Way*〕一書）。

我們面對衝突時，也很容易把焦點放在過去。不過，唯有把目光放在未來才可能解決衝突。

6 認識自己的情感

情緒的失控

談判會受情緒影響。在衝突中，比起對方的發言內容，自己如何看待對方的發言以及聚焦方式等，更能夠解決問題。最重要的就是不能夠壓抑自己的情緒。面對對立與摩擦時，失去冷靜就會變得情緒化。

如果內心一直提醒自己必須克制那樣的情緒，一定要設法讓自己冷靜處理，越想就越抓不住自己的情緒。壓抑情緒既不自然，基本上也是不可能做到的事。

認識自我

越是壓抑情緒，對對方的批判就會越嚴苛。例如，「那個人的個性好差」，或是

「對方是不是覺得我沒有能力」等，對對方產生負面的印象或不愉快的感受。若想脫離這種悲觀認知的思考框架，冷靜處理現場狀況，最重要的就是認識變得情緒化的自己。

情緒地圖

例如，自己的情緒目前處於什麼樣的階段？利用情緒地圖分析效果很好（參考Anne Dickson《*Difficult Conversations*》一書）。在情緒地圖上，要先認識自己目前處於不安、憤怒、悲傷的哪一部分。一旦認清楚自己的情緒，冷靜下來的程度連你自己也不敢置信。

若想要控制情緒，重要的就是認同情緒化，然後不要否認情緒化的事實。如果無法自我認知，就無法抽離認知的偏差。坦白承認「現在談判對象提出了無理的要求，所以我覺得很不爽。」，這樣自己就能夠以相對客觀的立場看待情緒。

從情緒到偏見

如果疏於認識自己的情緒，從情緒衍生出來的印象，就會逐漸成為深信不疑的想法，最後形成偏見而固定下來。於是你就會斥責對方，「提出這種無理要求的人一定是個卑鄙的人。」

情緒雖然能夠靠自我認知感受，不過卻極難透過自我認知看到內心的偏見。不壓抑自己的情緒、認清自己的情緒，這樣就能夠克服因情緒所引發的負面影響。

7 衝突是一座冰山

最初的對立只是冰山的一角

在衝突・管理上很重視掌握衝突的整體樣貌，因此會把衝突視為一座冰山。浮現水面上的冰山只不過占整個冰山體積的十％而已，在水面下還有更大部分的冰山存在。衝突也是相同情況。

現在雙方各自主張的內容只不過是衝突的一小部分，實際上引發衝突的根源可是深不可測呢。

就算除去表面的對立也是白搭

不過，多數的談判都會誤以為表面上的對立就是衝突的全部，結果只試圖削除「冰山的一角」，輕鬆地解決問題。若是冰山的話，就算削去水面上的冰塊，水面下的冰山還是會不斷浮現出來，衝突也是一樣。光是採用症狀療法，問題還是會不斷浮現。

冰山的體積有多大？

如果急於解決問題而誤判衝突的整體樣貌，就會像撞上冰山而沉沒的鐵達尼號一樣，成為衝突之下的犧牲者。因此，在找出對立的主軸並思考解決對策之前，最重要的就是找出這個主軸的根源有多深。

在衝突．管理上，不輕易採用對症療法是非常重要的。

8 理解人類的根本欲求

面對衝突時，可以參考在哈佛大學開立談判學課程的丹尼爾・夏畢洛（Daniel Shapiro）博士所提倡的，關懷人類最根本的欲求。

所謂關懷人類最根本的欲求，指理解對方的價值（Appreciation）、被視為朋友的關聯性（Affiliation）、決定的自由是否受到保障的自主權（Autonomy）、覺得自己所處的狀況（States）是否適當，以及是否滿足自己的角色等，從這些觀點分析自己與談判對象之間的關係。（參考Roger Fisher、Daniel Shapiro《*Beyond Reason: Using Emotions As You Negotiate*》一書）。

人類根本的欲求就算只有一丁點的不滿足，衝突就會開始發芽並逐漸成長。夏畢洛博士的主張加入了心理學的要素，提倡新型態的情緒管理，這樣的主張受到世人的矚目。特別是瞭解談判對象的價值觀這點，在面對衝突時是非常重要的想法。可以說所謂衝突本來就是因為不瞭解對方的價值觀、認為對方的價值觀不重要，或是想認定對方的價值不重要而產生出來的。

在與對方嚴重對峙的情況下，或許很難立刻做到理解對方的價值觀，不過只要不瞭解對方的價值觀，就不可能縮短與對方之間的距離。面對談判時，必須時時記住這點才行。

9 降低對談判對象的期待

對於談判對象的期待

讓衝突逐漸升溫的原因，有時候不是談判對象，而可能是自己本身。這種情況就是我們對於對方抱持過多的期待。談判對象「應該誠實進行談判」，這樣的期待就是典型的例子。

此外還有「應該準時到達」、「簡報的資料應該用彩色印刷才對」等瑣碎問題，甚至「因為我的提案合理，所以應該接受」等等，我們總是對談判對象期待著大大小小的各種事情。可想而知，如果對方的反應不符合期待，我們就會因此而生氣。對於對方的期待是讓衝突更加複雜的原因。

如果期待值高就容易批判

特別是「我都已經提出這麼棒的解決方案，對方還不跟我達成共識，真是太奇怪了！」，如果抱持這樣的想法，對於談判對象的期待就會逐漸轉變成譴責，最後就會否定對方（「那傢伙真是笨蛋」或是「講不通」）。不過，如果試著冷靜思考，自己也會感覺疑惑，懷疑自己的提案是否真的對對方有利。這些衝突產生的原因都來自於對對方過度期待，認為談判對象應該接受合理內容的共識方案。

另外，許多人因為各種理由，例如，對方有錯所以應該道歉，或是談判對象不應該提出不合理的要求等，而對對方有不同的期待。

降低期待

不過，在情緒・管理上，請丟棄這樣的過度期待吧。例如，對方總是不聽我方的意見、明明責任區分就很清楚，卻始終以藉口應對、雖說會「妥善處理」卻什麼也不做、不遵守約定的事項、從頭到尾就只會批評與責難、拒絕接受建設性的解決對策、甚至對於曾經說過的話謊稱「我沒說過這種話」、同樣的話不斷重複等等，若要列舉談判對象令人不悅的態度，那可真是多不勝數。

人不會輕易改變

面對這樣的態度時，不能試圖改變對方的態度。另外，就算批評對方的態度也幾乎是白費力氣。在這樣的情況下，就要無視對方那樣的態度，繼續進行平常的提案或提問。

由於我們想要的就只是結果而已，所以沒有義務完成改變對方的困難使命。對方不可能只因為跟你談判就突然變為誠實的人，也沒有義務對你那麼友善。

把目標放在解決問題上

面對談判對象令人感到不悅的態度，透過重新確認自己的使命就能夠變得冷靜，也就是再度確認「自己想透過這場談判獲得什麼」的使命。

重要的是要持續地把注意力集中在解決問題，也就是結果上，而非耗費在面對談判對象令人感到不悅的態度所產生的疲累上。

對於談判對象的過度期待，只不過是不可能實現的完美主義罷了。在追求談判對象的誠實、禮貌、能夠解決問題的理想共識案，甚至與談判對象全面和解或修復關係等高門檻的共識方案之前，請先捨棄對對方的過度期待，把焦點放在現階段損失最少的解決對策上吧。

一旦降低對對方的期待，對於談判對象就會變得寬容。因為本來對對方也就不抱持任何期待，所以對於些微令人不悅的態度或是阻礙談判進展的失誤等，也就會變得不在意了。一旦以這樣的態度面對對方，錯失解決問題的情況就會變少。若不想被談判對象的表面態度影響，試圖降低對對方的期待真的很重要。

10 打開後門

避免破局＝沒談判

在談判中，當雙方的意見對立越來越嚴重，可能就會產生談判破局的危機。只是，如果就這麼讓談判破局，也會失去解決問題的機會。重要的是，就算在這樣的情況下，彼此也要透過對話試圖找尋解決問題的機會。

兩種律師

解決紛爭的方式可以參考美國律師的模式，把解決方法分為兩類並加以理解。首先是庭審律師（Litigator）模式。在美國，庭審律師人氣很旺，電視劇經常看到庭審律師口若懸河的辯論、對於對方的當事者提出嚴格質問、進行邏輯性的反證等等戲碼。庭審律師在法庭上陳述自己的意見，徹底打擊對方的主張，也就是戰鬥型的談判風格。在解決紛爭上，庭審律師的這種做法是非常重要的。

通往和解的道路

其次是另一種律師的模式，也就是和解談判律師（Settlement Counsel）。這類的律師只考慮雙方最佳的和解條件。在會議室中或是利用閒聊的機會試探雙方和解的意願。這也是從後門衍生出來的方式。從雙方意見激烈衝突的檯面上退出，找尋檯面下和解的可能性。

當然，訴訟的進展狀況也會影響和解談判的進度，所以無法完全切割兩者的關係。不過，離開表面上的激烈爭論，一邊俯瞰整體的情況，一邊探尋和解的可能性，這個方法也正是衝突・管理上非常重要的方法（參考Robert H. Mnookin《*Beyond Winning: Negotiating to Create Value in Deals and Disputes*》一書）。

打開後門

打開後門的想法乍看簡單，不過當雙方情緒嚴重對立時，這個做法就難以實踐。就算是商業談判，一旦紛爭變得嚴重，與對方的談判就會變得消極而難以推動。正是像這樣的情況才更要經常打開後門，找尋任何可以接觸的機會。

以前述的古巴危機為例，就算是那樣的情況，美國司法部長羅伯・甘迺迪（Robert Kennedy）與蘇聯外交官杜布萊寧（Anatoly Dobrynin）還是大開後門進行祕密談判。這場談判從蘇聯要怎麼做才能夠撤除飛彈的角度提出建議方案，而非陷入是否應該撤除飛彈的二分法爭議。在這場會談當中，甘迺迪政府祕密地提出一個方案，也就是當古巴撤除飛彈之後，雖然不是以交換條件的形式，不過美國也同意在數個月後撤回部署於土耳其的木星飛彈之條件。

就像這樣，不僅限於外交談判，就算是商業談判，當雙方的對立變得越來越嚴重時，要在徹底宣揚自己的主張以及冷靜找尋和解可能性之間，找出有效的解決方法。

縮小後門的尺寸

還有，打開後門與對方進行祕密談判時，最好盡量限制負責談判的人數。另外，針對這個談判的對話，為了鼓勵自由討論而公布發言內容，或是在公開場合提問，甚至以談判的討論為藉口，強迫對方和解等態度都會使紛爭更加惡化。

打開後門讓對方看到你的談判態度，同時也要軟硬兼施解決談判衝突。

11 作為教養科目的談判學

談判的時代

進入二十一世紀之後，世界情勢不斷大幅改變，日本身處其中，狀況也越來越渾沌不明。以往的價值觀與今日大不相同，日本企業、日本政府以及日本人民面對全球化的世界，必須正確地傳遞自己的立場與主張。

還有，在全球化的社會中，不要害怕自己的主張與其他各國主張衝突，或是意見對立所產生的爭論。說到底，最終還是需要具備結合具建設性的共識之能力，也就是所謂的談判能力。

必須改變想法

不過，日本人對於談判的本質談不上充分瞭解。因為比起透過談判解決問題，更偏好的是自己的努力而非談判。例如，「話不多說，默默實行應該做的事」。日本人太過重視不多說話，也就是重視態度而非言語，藐視透過語言主張自己的立場，或是對於對方的提案提出意見或問題等。但是這種想法在跨國談判中，幾乎都會帶來負面影響。

對立也是談判的一部分

日本人擁有察覺對方情緒的優秀能力，這也是日本人的美德。在談判中也是重要的能力。遺憾的是，在跨國談判中，我方的善意還是必須透過語言才能傳遞。還有，光是透過語言告知對方仍嫌不足。

倒不如說，更重要的是傳達我方的想法、聆聽對方的意見，然後討論。舉例來說，「這個提案對談判對象而言是有利的，因此對方應該也會明白這點。」就算內心一邊這麼想，一邊進行談判，恐怕能明白這點的人也不多吧。在跨國談判中，若想讓對方瞭解我方的立場或主張，必須使用比我們想像還多的言語進行溝通才行。

還有，在談判或對話時，也會遇到對我們而言完全是不合理的批評或反駁。在跨國談判中，面對這種不合理的批評或反駁時，必須毅然決然地挑戰對方，並且持續與對方溝通。就算面對不愉快的對立狀況也必須堅持到底。

對抗的勇氣

在跨國談判中，對於對方不合理的批評或違反事實的說法，追求其矛盾之處並反擊乃為常識。如果認為遇到這種程度的事就要反駁未免也太「不成熟」，這種想法將會使得自己陷入不利的狀況。

你必須拿出對抗的勇氣，不斷反駁直到對方停止那樣的批評。一般來說，在跨國談判中，如果不反駁很可能被視為默認。甚至，只有一次的反駁不算反駁，在這種情況下，如果想保護自己的立場，就必須透過言語積極對抗才行。

不毀謗中傷對方

在跨國談判中，嘲笑對方的文化、宗教，或是做出批判性的評論等都是禁忌。我想各位都有這樣的常識。不過，如果你對於世界史一知半解，就可能會不小心說溜嘴，所以必須非常小心。

侮辱談判對象用以認定身分的根本價值，就等同於宣戰的行為。不顧及對方文化而輕率發言的談判，完全是沒有風度的談判風格。當我們被如此對待時的應對也非常重要，也就是說，當我們受到這樣的污辱時，要記得毅然決然提出抗議，勇敢面對對方這種令人不悅的舉動。

養成談判能力的必要性

談判學是培養有格調的對話能力之教養。談判學既不是單純的詭辯，也不是從頭至尾打心理戰，而是解決問題的方法。日本位於全球化的社會中，談判學是發揮自身強項不可欠缺的基礎養成教育。

還有，就如同日本人「三方好」的想法所看到的，保持在一個容易接受有效談判的心理狀態。問題是，在全球化的社會中，若想發揮這個三方好的想法，就必須具備達成三方好的戰略能力。因此，如果能夠學會談判學的方法論，談判力一定會成為對於日本而言有用的助力。

如何鍛鍊談判力

所謂談判力意味著在各種狀況下，都能夠維持著下列這四種談判態度的能力，也就是①面對對立情況時不慌張，適當地提出自己的主張，努力理解對方的價值；②不受對方的表面態度、威脅或敷衍所迷惑，看穿對方內心真正的想法，毅然決然地面對；③不屈服對方的壓力而輕易讓步，有時候不要恐懼意見的對立而能夠持續地討論；最後④無論對立的情況有多嚴重，都要堅持透過對話解決問題。

這樣的談判力能夠透過有系統的學習談判學培養出來。那麼，什麼樣的學習方法是有效的呢？我認為透過談判的研習或課程能夠有效率地學習。

不過，如果想先自學的話，建議透過下列的步驟實踐本書的內容。首先，一定要在談判前的準備階段簡單記錄準備的內容，並且對照談判後的結果。這種回饋型的學習是有效的。其次，從談判學的觀點試著分析大型合併案的談判新聞，或是外交談判的新聞記事，這也是有效的學習方法。

試著從談判學的觀點，思考自己能夠如何評估這個案例，或是試著站在當事者的立場，模擬未來談判的發展情況，這樣就能夠整理出談判學的重點。就像這樣，從談判學的觀點重新看世界，是加強談判力養成的第一步。

[後記]

談判學是以創造性方式解決問題的方法論

三十年前，我前往美國哈佛法學院留學，在那裡上了在日本想都沒想到的課程，而且是最受歡迎的談判學課程。當時內心受到的衝擊，至今仍舊記憶猶新。透過完全以模擬談判為主的課程，我對於學問的看法也產生巨大的改變。那樣的學習經驗深深地烙印在我心中。

回國後，我與在日本也有意普及這領域的隅田教授共同進行日本版談判學的研究發展。透過我們獨自研發模擬談判的驗證實驗以及各方意見，製作了教育課程。

接著在二〇〇〇年成立的慶應丸之內城市校園中，有機會針對社會人士開了一門談判學課程。幸運地，這門課程大受好評，現在仍然持續開課中。為此，我徹底感受到談判學的必要性。

談判學教育的普及還有一個重大的意義，那就是所謂談判學不是單純教導表面上的討價還價，或是互相欺瞞的技術，而是一門學問，研究以創造性的方式解決問題的方法論。我認為以理解談判對象的價值、能夠滿足雙方共識為目標的談判學，是現代人必須具備的新的教養能力。

慶應義塾大學創辦人福澤諭吉曾經說過，「品格之源頭，智德之模範。」日本人提到教養，總會特別重視知識，以福澤諭吉的話來說就是傾向於重視「智德」。不過，如果是有教養的人，「品格」與智德兩者都必須兼顧。

順帶一提，從古希臘時代開始，教育的起點就是博雅教育（Liberal Arts）。在那樣的教育觀念下，透過修辭學、辯證法學習邏輯思考、對話與辯論的技巧。「品格之源頭，智德之模範」，兩者的平衡是非常重要的。然而，著重知識與對話平衡的教育只有在針對社會人士所開的課程才受到重視，在大學則沒那麼注重。重新檢視今後日本高等教育時，或許這是應該思考的問題吧。

時至今日，我對談判學所投入的努力也逐漸獲得成果。兩年前（二〇一二年）開始，我在慶應義塾大學法學部正式開了談判學課程，選課學生到了第二年就增加到四百六十位，分成二百三十組進行模擬談判，課程聲勢相當浩大。雖然課程的經營非常不容易，不過我一定會盡己所能，付諸更多心力在這門課程上。

期盼「另一個教養」的談判學在日本能夠確實普及，若本書能夠助上一臂之力，將深感榮幸。

作者代表 田村次朗

スティーブン・P・ロビンズ『【新版】組織行動のマネジメント—入門から実践へ』（ダイヤモンド社 2009）
スティーブン・P・ロビンズ『マネジメントとは何か』（ソフトバンククリエイティブ 2013）
フランク・ローズ『のめりこませる技術—誰が物語を操るのか』（フィルムアート社 2012）
ゲーリー・スペンス『議論に絶対負けない法—全米ナンバーワン弁護士が書いた人生勝ち抜きのセオリー 知的生きかた文庫』（三笠書房 1998）
ジェームズ・スロウィッキー『「みんなの意見」は案外正しい』（角川書店 2006）
クリストファー・ボグラー、デイビッド・マッケナ『物語の法則 強い物語とキャラを作れるハリウッド式創作術』（アスキー・メディアワークス 2013）

第6章 達到最高共識的談判進展方法

マックス・H・ベイザーマン、ドン・A・ムーア『行動意思決定論—バイアスの罠』（白桃書房 2011）
マックス H. ベイザーマン、マイケル D. ワトキンス『予測できた危機をなぜ防げなかったのか？—組織・リーダーが克服すべき3つの障壁』（東洋経済新報社 2011）
ギュスターヴ・ル・ボン『群集心理』（講談社学術文庫 1993）
Irving L. Janis, Groupthink: Psychological Studies of Policy Decisions and Fiascoes（Houghton Mifflin School 1982）
ロバート・キーガン、リサ・ラスコウ・レイヒー『なぜ人と組織は変われないのか—ハーバード流自己変革の理論と実践』（英治出版 2013）
スタンレー・ミルグラム『服従の心理』（河出文庫 2012）
A・オズボーン『創造力を生かす アイデアを得る38の方法 新装版』（創元社2008）
マイケル・A・ロベルト『決断の本質 プロセス志向の意思決定マネジメント』（英治出版 2006）
マイケル・A・ロベルト『なぜ危機に気づけなかったのか—組織を救うリーダーの問題発見力』（英治出版 2010）
トーマス・シーリー『ミツバチの会議 なぜ常に最良の意思決定ができるのか』（築地書館 2013）
ウィリアム・L・ユーリ、ステファン・B・ゴールドバーグ、ジーン・M・ブレット『「話し合い」の技術—交渉と紛争解決のデザイン』（白桃書房 2002）

第7章 超越對立——衝突・管理

マックス・H・ベイザーマン、マーガレット・A・ニール『マネジャーのための交渉の認知心理学—戦略的思考の処方箋』（白桃書房 1997）
ケヴィン・ダットン『サイコパス 秘められた能力』（NHK出版 2013）
ロジャー・フィッシャー、ダニエル・シャピロ『新ハーバード流交渉術』（講談社 2006）
ディーパック・マルホトラ、マックス・H・ベイザーマン『交渉の達人』（日本経済新聞出版社 2010）
ヘールト ホフステード、ヘルト ヤン ホフステード、マイケル ミンコフ『多文化世界—違いを学び未来への道を探る 原書第3版』（有斐閣 2013）
Robert H. Mnookin, Scott R. Peppet, Andrew S, Tulumello, Beyond Winning: Negotiating to Create Value in Deals and Disputes（Belknap Press 2004）
Robert H. Mnookin, Bargaining with the Devil: When to Negotiate, When to Fight（Simon & Schuster 2010）
マーサ・ヌスバウム『感情と法 現代アメリカ社会の政治的リベラリズム』（慶應義塾大学出版会 2010）
フレドリック・スタントン『歴史を変えた外交交渉』（原書房 2013）
リチャード・ステンゲル『信念に生きる ネルソン・マンデラの行動哲学』（英治出版 2012）

第3章 如何破解高壓攻勢的策略

アラン・ダーショウィッツ『ハーバード・ロースクール　アラン・ダーショウィッツ教授のロイヤーメンタリング』（日本評論社 2008）
ガイ・ドイッチャー『言語が違えば、世界も違って見えるわけ』（インターシフト 2012）
アン・ディクソン『それでも話し始めよう アサーティブネスに学ぶ対等なコミュニケーション』（クレイン 2006）
ジャニーン・ドライヴァー、マリスカ・ヴァン・アールスト『FBIトレーナーが教える 相手の嘘を99%見抜く方法』（宝島社 2012）
スーザン・フォワード『となりの脅迫者』（パンローリング 2012）
レイ・ハーバート『思い違いの法則：じぶんの脳にだまされない20の法則』（インターシフト 2012）
クリストファー・ハドナジー『ソーシャル・エンジニアリング』（日経BP社2012）
平田オリザ『演劇入門』（講談社現代新書 1998）
平田オリザ 『わかりあえないことから—コミュニケーション能力とは何か』（講談社現代新書 2012）
A.R.ホックシールド『管理される心—感情が商品になるとき』（世界思想社 2000）
サム・サマーズ『考えてるつもり—「状況」に流されまくる人たちの心理学』（ダイヤモンド社 2013）
ダグラス・ストーン、ブルース・パットン、シーラ・ヒーン、ロジャー・フィッシャー『話す技術・聞く技術—交渉で最高の成果を引き出す「3つの会話」』（日本経済新聞出版社 2012）

第4章 擬定談判策略——事前準備的方法論

ジム・キャンプ『交渉は「ノー！」から初めよ—狡猾なトラに食われないための33の鉄則』（ダイヤモンド社 2003）
DIAMONDハーバード・ビジネス・レビュー編集部編『「交渉」からビジネスは始まるHBRアンソロジーシリーズ』（ダイヤモンド社 2005）
ハーバードビジネススクールプレス『ハーバード・ビジネス・エッセンシャルズ<5>交渉力』（講談社 2003）
樋口範雄『はじめてのアメリカ法 補訂版』（有斐閣 2013）
マイルズ・L・パターソン『言葉にできない想いを伝える 非言語コミュニケーションの心理学』（誠信書房 2013）
Howard Raiffa, John Richardson, David Metcalfe, Negotiation Analysis: The Science and Art of Collaborative Decision Making（Belknap Press 2003）
ポール・シューメーカー『ウォートン流シナリオ・プランニング』（翔泳社 2003）
ウッディー・ウェイド『シナリオ・プランニング—未来を描き、創造する』（英治出版 2013）

第5章 管理談判

ロバート・B・チャルディーニ『影響力の武器 なぜ人は動かされるのか』（誠信書房 2007）
ロバート・B・チャルディーニ他『影響力の武器 コミック版』（誠信書房 2003）
N. J. ゴールドスタイン、S.J. マーティン、R.B.チャルディーニ『影響力の武器 実践編—「イエス！」を引き出す50の秘訣』（誠信書房 2009）
ジョン・S・ハモンド、ラルフ・L・キーニー、ハワード・ライファ『意思決定アプローチ 分析と決断』（ダイヤモンド社 1999）
スティーブン・P・ロビンズ『もう決断力しかない—意思決定の質を高める37の思考法』（ソフトバンククリエイティブ 2004）

參考文獻

第1章 導致談判失敗的三個誤解‧達成談判成功的三項原則

ロイ・バウマイスター『意志力の科学』（インターシフト 2013）
Getting to Yes（Roger Fisher, William L. Ury, Bruce Patton, Getting to Yes: Negotiating Agreement Without Giving In, Penguin Books; Revised〔2011〕）
日文翻譯版 ロジャー・フィッシャー、ウィリアム・ユーリー『ハーバード流交渉術　必ず「望む結果」を引き出せる！』（三笠書房 2011）
舊版翻譯　ロジャー・フィッシャー、ブルース・パットン、ウィリアム・ユーリー『新版ハーバード流交渉術』（阪急コミュニケーションズ 1998）
アブナー・グライフ『比較歴史制度分析』（NTT出版 2009）
ハイディ・グラント・ハルバーソン『やってのける〜意志力を使わずに自分を動かす』（大和書房 2003）
チップ・ハース、ダン・ハース『決定力！：正解を導く4つのプロセス』（早川書房 2013）
印南一路『ビジネス交渉と意思決定　脱"あいまいさ"の戦略思考』（日本経済新聞社 2001）
岡ノ谷一夫『「つながり」の進化生物学』（朝日出版社 2013）
ウィリアム・ユーリー『決定版ハーバード流"NO"と言わせない交渉術 知的生きかた文庫』（三笠書房 1995）
マイケル・トマセロ『コミュニケーションの起源を探る』（勁草書房 2013）
一色正彦、高槻亮輔『売り言葉は買うな！ ビジネス交渉の必勝法』（日本経済新聞出版社 2011）
一色正彦、田上正範、佐藤裕一『理系のための交渉学入門 交渉の設計と実践の理論』（東京大学出版会 2013）

第2章 情緒與心理偏見，以及合理性

ポール・エクマン『顔は口ほどに嘘をつく』（河出書房新社 2006）
D. M. ブッシュ、M. フリースタット、P. ライト『市場における欺瞞的説得―消費者保護の心理学』（誠信書房 2011）
リー・コールドウェル『価格の心理学 なぜ、カフェのコーヒーは「高い」と思わないのか？』（日本実業出版社 2013）
フレドリック・ヘレーン『スウェーデン式 アイデア・ブック』（ダイヤモンド社 2005）
池谷裕二『自分では気づかない、ココロの盲点』（朝日出版社 2013）
ダニエル・カーネマン『ファスト・アンド・スロー（上・下）』（早川書房 2012）
加藤昌治『考具―考えるための道具、持っていますか？』（TBSブリタニカ 2003）
香西秀信『反論の技術―その意義と訓練方法』（明治図書出版 1995）
香西秀信『論より詭弁 反論理的思考のすすめ』（光文社新書 2007）
香西秀信『論理病をなおす！―処方箋としての詭弁』（ちくま新書 2009）
香西秀信『レトリックと詭弁 禁断の議論術講座』（ちくま文庫 2010）
パオロ・マッツァリーノ『反社会学講座』（イースト・プレス 2004）
ドミニク・J・ミシーノ『NYPD　No.1 ネゴシエーター最強の交渉術』（フォレスト出版 2005）
野矢茂樹『新版 論理トレーニング』（産業図書 2006）
スティーヴン・トゥールミン『議論の技法 トゥールミンモデルの原点』（東京図書 2011）
Susan Weinschenk『インタフェースデザインの心理学―ウェブやアプリに新たな視点をもたらす100の指針』（オライリージャパン 2012）

ideaman 185

哈佛・慶應 最受歡迎的實用談判學【暢銷全新版】

原著書名——戦略的交渉入門
原出版社——株式会社日経BP
作者——田村次朗、隅田浩司
譯者——陳美瑛
企劃選書——劉枚瑛
責任編輯——劉枚瑛

版權——吳亭儀、江欣瑜、游晨瑋
行銷業務——周佑潔、賴玉嵐、林詩富、吳藝佳、吳淑華
總編輯——何宜珍
總經理——賈俊國
事業群總經理——黃淑貞
發行人——何飛鵬
法律顧問——元禾法律事務所 王子文律師
出版——商周出版
115台北市南港區昆陽街16號4樓
電話：(02) 2500-7008 傳真：(02) 2500-7759
E-mail：bwp.service@cite.com.tw
Blog：http://bwp25007008.pixnet.net./blog
發行——英屬蓋曼群島商家庭傳媒股份有限公司城邦分公司
115台北市南港區昆陽街16號8樓
書虫客服專線：(02) 2500-7718、(02) 2500-7719
服務時間：週一至週五上午09:30-12:00；下午13:30-17:00
24小時傳真專線：(02) 2500-1990；(02) 2500-1991
劃撥帳號：19863813 戶名：書虫股份有限公司
讀者服務信箱：service@readingclub.com.tw
城邦讀書花園：www.cite.com.tw
香港發行所——城邦（香港）出版集團有限公司
香港九龍土瓜灣土瓜灣道86號順聯工業大廈6樓A室
電話：(852) 25086231 傳真：(852) 25789337
E-mailL：hkcite@biznetvigator.com
馬新發行所——城邦（馬新）出版集團 Cité (M) Sdn Bhd
41, Jalan Radin Anum, Bandar Baru Sri Petaling,
57000 Kuala Lumpur, Malaysia.
電話：(603) 90563833 傳真：(603) 90576622
E-mail：services@cite.my

美術設計——copy
內頁編排——簡至成
印刷——卡樂彩色製版有限公司
經銷商——聯合發行股份有限公司 電話：(02) 2917-8022 傳真：(02) 2911-0053

2016年06月初版
2025年08月14日2版
定價440元 Printed in Taiwan 著作權所有，翻印必究
城邦讀書花園 www.cite.com.tw
ISBN 978-626-390-581-8
ISBN 978-626-390-584-9 (EPUB)

線上版讀者回函卡

國家圖書館出版品預行編目(CIP)資料

哈佛.慶應 最受歡迎的實用談判學 / 田村次朗, 隅田浩司著；陳美瑛譯. -- 2版. --
臺北市：商周出版：英屬蓋曼群島商家庭傳媒股份有限公司城邦分公司發行, 2025.08
304面；14.8×21公分. -- (ideaman；185) ISBN 978-626-390-581-8（平裝）
1. CST：商業談判 2.CST：談判策略 490.17 114007656